W0084540

Thomas Middelhoff
SCHULDIG.
Vom Scheitern und Wiederaufstehen

THOMAS MIDDELHOFF

SCHULDIG.

VOM **SCHEITERN**
UND **WIEDERAUFSTEHEN**

adeo

INHALT

Für Engel Nr. 1

Ever tried. Ever failed. No matter.
Try again. Fail again. Fail better.
Samuel Beckett

VORWORT

Bis zu jenem 14. November 2014 hätte ich es für völlig ausgeschlossen gehalten, dass ich mich jemals mehr als nur beiläufig mit dem Scheitern eines Lebensmodells an sich und insbesondere mit meinem eigenen Scheitern und dessen Ursachen befassen würde.

Ich hatte, da war ich mir sicher, mein Leben im Griff, es war jahrzehntelang zuverlässig und geradezu wie auf Schienen verlaufen. Trotz einiger kleinerer Rückschläge kannte ich eigentlich nur eine grobe Richtung: vorwärts-aufwärts. Und das in hoher Geschwindigkeit und mit großer Intensität. Ich hatte ein einflussreiches, internationales Netzwerk geknüpft und besaß internationale Reputation. Ich glaubte mich wirtschaftlich unangreifbar und mein Privatleben geordnet.

Doch im Laufe der Entwicklung, die die Dinge nach dem 14. November 2014 nahmen, musste ich mir mein totales Scheitern eingestehen. Der Weg dorthin war ein schmerzhafter Prozess. Ich musste begreifen, dass die Ursachen vielfältig waren und dass ich allein sie zu verantworten hatte. Auch wenn die Ursachen zum Teil schon Jahrzehnte zurücklagen.

Je länger ich über die Gründe für das Scheitern meines Lebensmodells nachdachte und versuchte, daraus allgemeingültige Antworten abzuleiten, desto deutlicher wurde mir, dass es dazu in der Literatur kaum klare Aussagen oder theoretische

Erklärungsansätze gibt. Viel wichtiger noch: Es gibt kaum Persönlichkeiten, die bereit sind, ihr Scheitern öffentlich einzugestehen und offen über dessen Ursachen zu sprechen. Dies gilt für Menschen aller gesellschaftlichen Schichten und für Spitzenpolitiker ebenso wie für Wirtschaftsführer.

Scheitern ist ein Tabuthema.

In die Öffentlichkeit gelangen in der Regel nur jene Fälle, die besonders spektakulär oder an prominente Personen gebunden sind. Dabei kann ein Scheitern auch in einem Skandal impliziert sein und Unternehmen betreffen wie im Falle des „Dieselgate", der Verstrickungen der Deutschen Bank oder die *Cum-Ex*-Geschäfte; ein Eingeständnis der Verantwortlichen, dass sie oder ihr Konzept gescheitert seien, bleibt in der Regel aus.

Deshalb fasste ich den Entschluss, mich systematisch mit meinem Scheitern auseinanderzusetzen. Zum einen wollte ich verstehen, was dazu führte, dass mein Leben quasi über Nacht implodierte. Zum anderen möchte ich einer jüngeren Generation diese Erkenntnisse vermitteln, damit sie aus meinen Fehlern lernen kann. Aus Fehlern, die zum Teil viele Jahre vor dem eigentlichen Eklat lagen, aber das ihre zu dem Ergebnis beitrugen.

Und vielleicht kann dieses Buch Betroffenen, die sich in einer ähnlich herausfordernden Lage befinden, wie ich sie erlebt habe, Mut machen und einen neuen Weg aufzeigen. Es soll Mut machen, wo er zu versiegen droht. Es soll zeigen, dass trotz aller Härten, Schmerzen und Entsagungen, die mit einem Scheitern verbunden sind, auch eine große Chance wartet; die Chance, die Gott jedem gewährt, sich selbst und sein Leben zu verändern.

Deshalb bekenne ich zuallererst: Ich bin schuldig. Schuldig an meinem Scheitern.

EIN STUDENT, SEINE VISION UND EINE BITTERE BILANZ

Ein heftiger Herbststurm peitschte schwere Regentropfen gegen das Fenster, die feuchte Kälte der Novembernacht schien ihren Weg ins Innere meines Zimmers in einem Münsteraner Studentenwohnheim gefunden zu haben. Mich fröstelte. Mein Blick fiel auf meine Armbanduhr, die Zeiger standen auf 2:45 Uhr. Seit Stunden schon diskutierte ich mit einem Freund, und unsere Debatte wurde umso hitziger, je mehr sich das Thema von studentischen Alltagsfragen dem Sinn des Lebens und unseren Prinzipien und Idealen zuwandte. Es war das Jahr 1975, jene Zeit, in der man als junger Mensch die Welt am liebsten täglich neu erfinden wollte.

Ich hatte mich parallel in den Studiengängen Betriebswirtschaftslehre und Publizistik an der Westfälischen Wilhelms-Universität eingeschrieben. Ich wollte Manager werden, Karriere machen, das war schon seit meiner Jugendzeit mein berufliches Ziel. Dann gab es da allerdings auch noch diesen Traum: ein unabhängiges Leben als Buchautor, mit einem Schreibtisch in einem irischen Landhaus, in dem im Kamin stets ein wärmendes Feuer brennt, zu meinen Füßen ein Irish Setter.

Um diesen Traum ging es allerdings nicht in jener nasskalten Novembernacht, und an den Wortlaut unserer engagierten Debatte erinnere ich heute, 44 Jahre später, auch nicht mehr im Detail. Worum es mir aber ging, was damals mein zentrales Anliegen war, das weiß ich noch immer genau: Es ging um das, was ich das „Ich-bin-ich-Prinzip" genannt hatte. Es beschreibt, wie ich mich selbst als Mitglied der Gesellschaft sah, welche Rolle ich übernehmen und wie ich meine Aufgaben erfüllen wollte. Nämlich so: Meine Werte würden die Richtschnur meiner Tätigkeit sein, als Manager sowie im privaten Umfeld. Nichts anderes würde mich zeitlebens leiten oder verleiten. Ich würde meinen Überzeugungen konsequent folgen und mir meinen Charakter bewahren. Das „Ich-bin-ich-Prinzip" war meine Auffassung einer aufrichtigen, nicht angepassten Lebensform, von Zivilcourage geleitet und auf christlichen Werten basierend. Ich würde auch als Manager später keine Entscheidungen treffen, die nicht in jeder Hinsicht meinen Werten entsprachen, von diesem Ideal war ich in jenem Moment zutiefst überzeugt. Und darüber hinaus sah ich mein Lebensziel vor allem darin, andere Menschen glücklich zu machen.

Wenn ich heute, im Alter von 65 Jahren, Bilanz ziehe und zurückblicke auf meine damalige vielleicht ein wenig idealistische Sichtweise und meinen selbst gesetzten Lebenszweck, dann lautet die bittere Erkenntnis:

Ich bin gescheitert.

Ich habe zwar alles erreicht und sogar noch übertroffen, was ich mir 1975 als junger Student überhaupt hatte vorstellen können: beruflich, materiell und familiär. Doch das alles habe ich in einer späten Lebensphase wieder verloren oder verspielt – und noch mehr: mein Vermögen, meine Ehre, meine Reputation, meine Gesundheit. Und auch das Ergebnis meiner Bemühungen, andere Menschen glücklich zu machen, taugt nicht für die *Hall of Fame*.

Das hehre „Ich-bin-ich-Prinzip", das damals in Studententagen meine Leitlinie war, verschwamm im Laufe der Jahre und Jahrzehnte zusehends, wurde angepasst an aktuelle Umstände und Erfordernisse. Und so sehr, wie sich diese Leitlinie immer weiter von ihrem Ursprung entfernte, so sehr entfernte ich mich von mir selbst. Das führte zu einem Sturz, der nicht ganz leicht zu steigern sein dürfte: Der international erfolgreiche Topmanager landete höchst unsanft – als Häftling im Gefängnis. Eine „Fallhöhe", die wohl nicht eben alltäglich ist.

Wie konnte es dazu kommen? Welche Fehler habe ich gemacht? Und vor allen Dingen: Was kann man daraus lernen? Diesen Fragen werde ich in diesem Buch nachgehen. Vielleicht kann es manchem Mut machen und eine Hilfe sein, Irrwege wie den meinen zu vermeiden.

Meine heutige Bilanz beinhaltet allerdings noch weitere Erkenntnisse: Es stimmt, in jedem Scheitern liegt auch eine Chance. Scheitern kann, wenn es erkannt und angenommen wird, die Basis für einen Neuanfang sein. Meine Lebensbilanz beweist aber sicher vor allem eines: Glück ist nicht an materielle Werte gekoppelt. Und vor allem: Glück ist nicht käuflich, ganz gleich, wie hoch der Preis ist, den wir dafür zu zahlen bereit sind!

1. FALSCHE WEICHENSTELLUNGEN

ODER WIE ENTSTEHT EIN *PERFECT STORM*?

Ein Scheitern in dem Umfang, wie ich es erlebte, kann nicht die unmittelbare Reaktion auf eine einzige Fehlentscheidung sein. Es war in meinem konkreten Fall vielmehr der Endpunkt eines schleichenden Prozesses. Ähnlich einem *Perfect Storm* hatte ich selbst über Jahre durch Fehler und Fehlentwicklungen die Voraussetzungen dafür geschaffen, dass der Sturm, der sich da zusammengebraut hatte, eine so zerstörerische Kraft bekam, dass er mich fortriss und nichts übrig ließ von dem, was mein Leben damals ausmachte.

Die Warnsignale hätte ich schon in einem frühen Stadium wahrnehmen können, ja müssen; sie waren da, unmissverständlich. Es wird wohl eine Kombination aus Überheblichkeit und selbstverliebter Anmaßung gewesen sein, die mich die Augen schließen und alle Warnhinweise übersehen und überhören ließ. So lange, bis es zu spät für eine Umkehr war.

DIE FRÜHE WARNUNG MEINES VATERS

Meine Beziehung zu meinem Vater war ungewöhnlich eng. Er war auf einem westfälischen Bauernhof groß geworden, war bescheiden und bodenständig. Er war mein Vorbild, mein bester Freund, mein Geschäftspartner, mein Vertrauter, mein Trauzeuge und der Taufpate meines ersten Kindes.

An eine wirklich ernste Auseinandersetzung mit meinem Vater kann ich mich, abgesehen von einer einzigen Ausnahme, nicht erinnern. Wenn ihm etwas missfiel, pflegte er das mit leichter Ironie zu thematisieren. Beispielsweise bei den Feierlichkeiten zur Stabsübergabe von meinem Vorgänger bei Bertelsmann auf mich. Zu diesem Anlass war vom Konzern ein Festakt veranstaltet worden, zu dem unter anderem der damalige Bundeskanzler Gerhard Schröder und der stellvertretende Regierungschef Joschka Fischer erschienen sowie insgesamt mehr als 1000 weitere Gäste, unter ihnen meine Eltern.

Als ich am Rande der Feierlichkeiten meinen Vater stolz nach seinem Eindruck fragte, sah er mir in die Augen und antwortete knapp, aber unverblümt: „Denkst du nicht, dass das alles ein bisschen zu viel ist hier?" Treffender hätte man diesen Aufmarsch nicht beschreiben können.

Nur einmal kam es in unserer Vater-Sohn-Beziehung zu einer ernsthaften Störung. Ich war 16, als ich an einem Sommernachmittag die Treppenstufen zum Eingang unseres Hauses emporstieg und mein Vater mir im Hauseingang entgegenkam. Er trug einen Wäschekorb in seinen Händen, und ich sah an seinem Gesichtsausdruck sofort, dass er aufgeregt und sehr zornig war.

„Herr Nattermann hat mich wissen lassen, dass du im Unterschied zu deinen Geschwistern ein unangenehm arroganter Typ bist!", sagte er. Ich spürte, wie er selbst litt bei diesen Worten.

Herr Nattermann war damals Pächter einer Shell-Tankstelle nur wenige Hundert Meter von unserem Elternhaus entfernt und hatte sich bei meinem Vater beschwert, ich würde ihn und seine Mitarbeiter von oben herab behandeln. Mein Vater war so erregt, als er mir berichtete, was Herr Nattermann über mich gesagt hatte, dass seine Stimme hörbar zitterte und der Wäschekorb mitsamt seinen Händen ebenfalls. „Nie darfst du arrogant sein, Thomas! Bitte ändere dein Verhalten, versprich es mir!"

Ich hörte die Stimme meines Vaters, hörte seine fast flehentlich vorgetragene Aufforderung. Zugleich spürte ich Auflehnung in mir wachsen, stummen Protest – und gewaltigen Ärger. Ich war wütend auf Herrn Nattermann, und ich verachtete ihn und das, was er über mich gesagt hatte. Ich wollte nicht so sein, wie Herr Nattermann es erwartete, das wusste ich in diesem Moment ganz genau. Stattdessen beschloss ich dort auf den Treppenstufen, dass ich anders sein wollte, etwas Besonderes, und mir von niemandem würde vorschreiben lassen, wie ich mich zu verhalten hatte.

Die frühe und sehr eindeutige Botschaft meines Vaters zum Thema Arroganz erreichte mich an diesem Nachmittag nicht. Selbstkritik übte ich fortan nicht mehr. Später empfand ich derart kritische Hinweise wahlweise sogar als eine Art Lob oder als Ansporn, noch arroganter zu sein. Ob dies der Zeitpunkt war, an dem ich begann, das „Ich-bin-ich-Prinzip" zu verändern, es anzupassen an die jeweiligen Gegebenheiten, kann ich heute nicht mehr mit Sicherheit sagen. Sicher ist aber, dass ich damals entschied, mich künftig lieber abzuheben, und sei es durch Arroganz, als mich anzupassen und in der Masse unsichtbar zu werden.

Vermutlich wollte ich dadurch mein Selbstwertgefühl und meine Bedeutung steigern. Tatsächlich ließ mein Entschluss aber in den folgenden Jahren einen tiefen Graben zwischen mir und meinem sozialen Umfeld wachsen. Mein Verhalten rief Ablehnung hervor, und je stärker das der Fall war, desto mehr sehnte ich mich nach dem Zuspruch, der mir versagt blieb – und wurde dennoch immer uneinsichtiger. Es war ein fataler Teufelskreis, den ich nicht erkannte. Oder nicht erkennen wollte.

„WENN SIE WAS KÖNNEN, DANN KOMMEN SIE ZU UNS!"

Die Vorlesungen von Dr. Jan Hensmann an der WWU Münster erfreuten sich 1979 großer Beliebtheit. Dies mochte auch daran liegen, dass Jan Hensmann nicht nur ein sehr erfolgreicher Verlagsmanager war und als Vorstandsmitglied bei *Gruner & Jahr* für das Zeitschriftengeschäft verantwortlich, sondern darüber hinaus in seinen Vorlesungen mit außerordentlich intelligentem Witz Fallstudien aus dem Verlagsmanagement behandelte.

Am Tag seiner Antrittsvorlesung hatte sich im Hörsaal H3 der WWU das gesamte Professorium der betriebswirtschaftlichen Fakultät versammelt. Jan Hensmann sprühte vor Charisma und Esprit. Er berichtete von der Markteinführung der Zeitschrift *Geo* in den USA, schilderte seine Flüge mit der *Concorde* nach New York und beendete seinen Vortrag mit den Worten: „Liebe Studierende, wenn Sie ein sehr gutes Examen machen, dann gehen Sie um Gottes willen in die Wissenschaft – und wenn Sie etwas können, dann kommen Sie zu uns!"

Ich war hingerissen von diesem Mann, von seiner Intelligenz, seiner spürbaren Macht als Manager, von seinem offensichtlichen Erfolg. Ich beschloss noch im Hörsaal, dass auch ich Manager in der Medienbranche werden wollte. Ich wollte so werden wie dieser Jan Hensmann: mit der gleichen Leichtigkeit von Erfolg zu Erfolg eilen, international ausgerichtet, überlegen, schlagfertig und mit einem solchen Charisma ausgestattet, dass selbst hoch angesehene

Professoren der Betriebswirtschaftslehre dagegen blass wirken. Gegen diese Aura des Erfolgs schien alles andere geradezu unbedeutend und provinziell. Und ich spürte förmlich in mir die Überzeugung wachsen, dass ich in der Hensmann'schen Terminologie „etwas kann".

Mit dem Ende seiner Präsentation war ich unumstößlich überzeugt: Ich würde diesen Traum realisieren und erfolgreich werden. Und ich war bereit, dafür fast jeden Preis zu zahlen. Das „Ich-bin-ich-Prinzip" begann aufzuweichen.

TANZEN AUF ZU VIELEN HOCHZEITEN

Nach dem Examen erhielt ich von Professor Heribert Meffert, dem hoch angesehenen Betriebswirtschaftler und „Marketing-Papst" an der WWU Münster, das Angebot, bei ihm als Assistent zu arbeiten. Aber auch mein Vater wollte mich in den eigenen Betrieb einbinden. Ich überlegte, ob ich ihn bei dem Aufbau einer Produktionsstätte in Griechenland unterstützen sollte. Professor Meffert hatte mir zunächst eine halbe Stelle angeboten, die ich annahm und die mir, wie ich damals glaubte, Raum lassen würde, parallel halbtags für meinen Vater tätig zu sein. Ich wurde also so etwas wie ein unternehmerisch-wissenschaftlicher Assistent.

Diese Konstellation führte allerdings schnell zu extremen Herausforderungen und Belastungen, wie ich schmerzhaft lernen musste. Die beiden Aufgaben ließen sich beim besten Willen nicht miteinander verbinden. Während der Wissenschaftler sich am heimischen Schreibtisch hochkomplexen Fragestellungen widmet und sich mit Engagement an der Universität in der Lehre betätigt, erfordert die unternehmerische Tätigkeit ein Höchstmaß an räumlicher und zeitlicher Flexibilität und unbegrenzten zeitlichen Einsatz.

Arbeitete ich in dem Assistentenzimmer in Münster an Diplom-arbeiten oder Seminararbeiten, plagte mich das Wissen, dass währenddessen zahlreiche unternehmerische Herausforderun-gen und Entscheidungen unbearbeitet blieben. Arbeitete ich zu-sammen mit meinem Vater an dem Griechenland-Projekt, dachte ich an die Aufgaben, die mir von Professor Meffert anvertraut worden waren und die unbearbeitet auf meinem Schreibtisch lagen. Aus einem zielstrebigen, zuversichtlichen Diplom-Kauf-mann wurde in kürzester Zeit ein getriebener, fahriger, unruhi-ger junger Mann, dem stets bewusst war, dass die Dinge, die er gerade bearbeitete, nicht die Qualität hatten, wie es der Fall ge-wesen wäre, wenn er sich uneingeschränkt auf sie hätte konzent-rieren können.

Ich wurde immer hektischer. Täglich fuhr ich zwischen Müns-ter und Düsseldorf hin und her, flog freitags mit *Olympic Airways* nach Thessaloniki und kehrte am Sonntagabend völlig erschöpft wieder zurück nach Düsseldorf. Ich begann Fehler zu machen, oberflächlich zu werden. Meine Arbeit entsprach längst nicht mehr den Qualitätsanforderungen, die ich selbst an mich stellte.

Erst ein Hörsturz machte mir klar, dass ich psychisch und phy-sisch an meine Grenzen gestoßen war. Ich hatte mich übernom-men, mir zu viel zugemutet. Und ich fasste den Vorsatz, mich künftig nur noch auf eine Aufgabe zu fokussieren. Mein Leben be-kam eine neue Ausrichtung, und das „Ich-bin-ich-Prinzip" wurde erneut an die Gegebenheiten angepasst: Nicht alles ist machbar, Fehler muss man erkennen und sich auf die eine Aufgabe kon-zentrieren, ohne nach links oder rechts zu schauen; die Firma hat Vorrang vor allem anderen, auch vor privaten und persönlichen Bedürfnissen.

Wenn ich heute auf diese Phase zurückblicke, wird offenbar, dass die Erkenntnis damals zwar eine richtige war, ich aber zugleich einen katastrophalen Fehler beging: So sinnvoll die Konzentration auf eine Aufgabe war, so falsch war die allumfassende, eindimensionale Ausrichtung auf den Beruf. Ein fataler Fehler, der sich später fürchterlich rächen würde.

Von dem, was heute mit dem Begriff „Work-Life-Balance" beschworen wird, war ich meilenweit entfernt. Persönliche Bedürfnisse, Talente und Interessen ordnete ich den beruflichen Belangen kompromisslos unter.

Den ersten Schritt zu einem Leben mit täglich nicht unter 14 Arbeitsstunden vollzog ich, ohne dass mir dies bewusst war. Nur noch einen Tag am Wochenende verbrachte ich fortan durchschnittlich zu Hause und auch diesen überwiegend am Schreibtisch in meinem Arbeitszimmer. Ich glaubte, alles richtig zu machen – und machte doch in der Konsequenz meiner Vorgehensweise vieles falsch.

DER MENTOR ALS VORBILD?

Einen Mentor zu haben gehört heute zum guten Ton, das Angebot an wie auch immer gearteter beratender Begleitung ist geradezu explosionsartig gewachsen. Coaching ist der aktuelle Zeitgeist-Trend. Junge Startup-Unternehmer suchen genauso konsequent nach einem geschäfts- und branchenerfahrenen Coach wie Juniorpartner in Unternehmensberatungen oder Karrieristen in Großkonzernen nach Mentoren. Rat ist gefragt, Hilfe in schwierigen Entscheidungssituationen, eine Referenz, falls erforderlich, und ein kritisches Feedback zu Persönlichkeitsentwicklung oder zum Auftreten.

Mein Mentor trat 1986 in mein Leben: Dr. Mark Wössner war damals Vorstandsvorsitzender der Bertelsmann AG, und ich hatte mich als sein Assistent beworben. Da ich aber aus seiner Sicht die Anforderungskriterien für diese Tätigkeit nicht erfüllte, bot er mir statt der angestrebten Position die Assistenz des Geschäftsführers von Mohndruck an. Ich hatte eigentlich ablehnen wollen. Doch dann entschied ich mich, das Angebot doch anzunehmen. Ich wollte ihm beweisen, dass er unrecht hatte; dass ich besser war, als er glaubte.

Mark Wössner war ohne Frage eine Ausnahmeerscheinung: intelligent, durchsetzungsstark, mit ausgeprägtem Selbstbewusstsein ausgestattet, machtbewusst, führungsstark, emphatisch und zu allem Überfluss damals auch noch gut aussehend. Bei solcherart Stärken konnte er sich die eine oder andere Schwäche erlauben: Reinhard Mohn hielt ihn für eitel, er wirkte hin und wieder arrogant, und er tat sich schwer mit schwierigen Personalentscheidungen. Sein Auftritt konnte laut bis raumfüllend sein; Bescheidenheit gehörte nicht zu seinen besonderen Stärken.

Wössner war ein anstrengender, fordernder Mentor. Er führte mich mit harter Hand. Sollte ich in seiner Anwesenheit einen Vortrag halten, war ich durch seine Präsenz lange so sehr verunsichert, dass ich nur einen Bruchteil meines Leistungsvermögens abrufen konnte. Er begleitete mich über Jahre so kritisch, dass ich als Jungvorstand sogar hinwerfen wollte.

Nach meinem Vater prägte mich Wössner sicher am stärksten. Er war nicht nur Mentor, sondern auch Vorbild. Irgendwann begannen sich die Grenzen zwischen beidem zu verschieben. Ich wollte so sein wie er. Ich begann sein Verhalten zu kopieren, wurde immer unkritischer ihm gegenüber. Das führte dazu, dass ich langsam, aber sicher immer weiter von meinen Prinzipien abrückte, um seine Anerkennung zu gewinnen. Statt meinen Werten und Prinzipien wurden Mark Wössners Ansichten und Verhalten mein neuer Maßstab.

War ich noch ich?

Je stärker ich mich später aber von seiner Aura freimachte, je mehr mich eigene Erfolge trugen, je eigenständiger ich Wurzeln in der internationalen Geschäftswelt schlug und je konsequenter ich meine eigenen Sichtweisen vertrat und umsetzte, desto mehr spürte ich seine Irritation. Meine zunehmende Eigenständigkeit wurde von ihm als ein Entziehen verstanden. Ich wehrte mich wiederum gegen Einmischungsversuche in meine Zuständigkeiten. Diese Situation wurde zunehmend unausgewogen und schwierig. Als Reinhard Mohn sich von ihm trennte, griff ich nicht ein.

So sehr ich das Konzept der Mentorenschaft unterstütze, so wenig sollte es in einem Fall praktiziert werden, in dem der Mentee in einem direkten Abhängigkeitsverhältnis zu seinem Mentor steht.

DIE PRÄMIE UND DIE ILLUSION DER UNABHÄNGIGKEIT

Die Geräuschkulisse war hoch an jenem Abend in der Bar des Hotels *Four Seasons* in Midtown New York, die Stimmung zu fortgeschrittener Stunde angeregt, Gläser klirrten. Neben mir saß ein Bertelsmann-Kollege und Mitglied des Teams, das in den zurückliegenden Tagen den Verkauf der Bertelsmann-Beteiligung an AOL technisch abgewickelt hatte. Wir prosteten uns überschwänglich zu.

Ich fühlte mich großartig. Der Beteiligungsverkauf würde nicht nur das Eigenkapital des Konzerns um den Faktor 8 wachsen lassen, sondern auch mein persönliches Konto. Der Bonus, den ich mit Reinhard Mohn schon vor Längerem vereinbart hatte, war in seiner Höhe abhängig von der Wertentwicklung der AOL-Beteiligung.

Und er würde im hohen zweistelligen Millionenbereich liegen, das wurde mir in diesem Moment bewusst.

„Ab jetzt bin ich unabhängig!", rief ich meinem Kollegen zu, um die Geräuschkulisse um uns herum zu übertönen. „Ich werde im Konzern ab sofort offen meine Meinung sagen und Entscheidungen nicht mehr mittragen, die ich für falsch halte."

Sein Blick hätte mich warnen müssen: Er sah mich mit einer Mischung aus Verständnislosigkeit und Missgunst an.

In der Folge beschäftigte mich die Frage, wer die Anlage und Verwaltung dieses erheblichen Geldbetrages professionell übernehmen sollte. Das Ergebnis dieser Überlegungen mündete in den Weg zur Privatbank Sal. Oppenheim und deren Partner Josef Esch, der in der Oppenheim-Esch-Holding meine Gesamtvermögensverwaltung übernahm.

Letzterer war mit seinem bulligen Äußeren, dem kahlen Kopf, seinem begrenzten Sprachschatz und den ihn umgebenden Bodyguards so ziemlich genau das Gegenteil meiner Vorstellung eines seriösen Geschäftspartners. Dass ich mich dennoch auf ihn einließ, war dem blendenden Glanz des Namens Sal. Oppenheim geschuldet – und meiner Gier, Steuern sparen zu wollen. Das eine sprach meine Eitelkeit an, und das andere machte mich taub für kritische Einwände.

Nach der Auszahlung des Bonus interessierte ich mich für den Kauf eines Hauses in St. Tropez. In einem Telefonat berichtete ich Paul Desmarais sen., damals zusammen mit seinem Geschäftspartner Albert Frère Gesellschafter bei Bertelsmann, von meinen Plänen.

„Pass auf, wenn du mit den großen Hunden pinkeln gehst", gab er mir warnend mit auf den Weg. Doch auch diese Warnung schlug ich in den Wind. Die Koordinaten meines Lebens waren bereits uneinholbar verschoben: Angestellte bevölkerten unseren

Haushalt, die Anschaffungen wurden immer umfangreicher und kostspieliger, die Zahl der Wohnsitze erhöhte sich ebenso wie die der Autos.

An jenem Abend in der Bar des Hotels *Four Seasons* ahnte ich nicht, dass mich die bevorstehende Bonuszahlung und die folgende Verbindung mit Oppenheim-Esch nicht etwa wirtschaftlich unabhängig machen, sondern im Gegenteil der Ausgangspunkt dafür sein würden, dass meine Tätigkeit für Bertelsmann endete und dass ich dazu auch mein gesamtes Vermögen verlieren würde.

Ich habe nicht nur die Werte verloren, die einst das Gerüst für meine Leitlinien waren, ich habe mich selbst verloren. Und hier ist auch die Ursache des nachfolgenden materiellen Verlustes begründet.

Ich habe selbst die Bedingungen dafür geschaffen, dass sich die Dinge zum *Perfect Storm* entwickeln konnten. Diese Beispiele zeigen das anschaulich – heute für mich in einer unmissverständlichen Klarheit. Damals nahm ich die Warnsignale nicht wahr. Es hätte unter Umständen vielleicht auch gut ausgehen können, der Sturm hätte vorbeiziehen oder früh genug abflauen können, vielleicht hätte auch ein „blaues Auge" gereicht. Aber vermutlich hätte ich dann niemals in diesem Maße aus meinen Fehlern gelernt und nicht dieses Buch geschrieben.

2. DIE TODSÜNDEN ALS URSACHEN DES SCHEITERNS

Gibt es Ursachen oder bestimmte Verhaltensmuster, die in systemischer Weise und mit einem hohen Maß an Wahrscheinlichkeit zu einem Scheitern führen, wie es bei mir geschehen ist?

Mit dieser Frage habe ich mich intensiv beschäftigt und kam vor allem zu einer wichtigen Erkenntnis: Es sind Verstöße gegen gesellschaftliche und moralische Werte, ob einzelne oder wiederholt und systematisch, die mit hoher Wahrscheinlichkeit in einem Scheitern münden.

Ob der ehemalige Spitzenpolitiker, der unter Drogen Prostituierte auf sein Zimmer bestellt oder der Spitzensportler, der über Jahre Doping leugnet, obgleich die Beweislast gegen ihn erdrückend ist; der Lagerarbeiter, der wiederholt alkoholisiert zum Dienst kommt und deswegen seinen Arbeitsplatz verliert oder der Fußballspieler, der nicht zum Training erscheint, dafür aber auf den Social Media-Kanälen, die ihn auf einem anderen Kontinent in einer Disco zeigen.

Sie alle verstießen wiederholt gegen Werte. Und sie scheiterten, weil Gesellschaft und/oder Justiz diese Verstöße sanktionierten. „Wir werden nicht für unsere Sünden bestraft, sondern durch sie", hatte bereits der Philosoph Elbert Hubbart erkannt.

Solche Verstöße verstehen wir in religiösem Sinne als eine „Todsünde". Nach mittelalterlicher Definition des Begriffs wird der Sünder, wenn er nach seinem Ableben vor Gott tritt, für eine bestimmte Kategorie elementarer Sünden zur Rechenschaft gezogen und in die Hölle verbannt.

Wenn ich meine Erfahrungen rückblickend und selbstkritisch analysiere, komme ich zu dem Schluss, dass auch bestimmte falsche Verhaltensweisen oder Charakterschwächen durchaus als „Todsünden" zu verstehen sind. In diesem Fall nicht mit der Konsequenz der Hölle nach dem Tod, sondern mit einem zumeist schleichenden Prozess, in dessen Verlauf man noch auf Erden seinen Charakter und dann sich selbst verliert.

Der Beginn ist zumeist kein Paukenschlag, er kommt leise, schleicht sich ein in die eigene Lebensordnung und beginnt, die Selbstwahrnehmung zu verblenden. So habe ich es selbst erfahren, und was mir heute so einleuchtend erscheint, erkannte ich damals nicht und bedaure das zutiefst.

Falsche Entscheidungen und Prioritäten führten zu einer Unwucht in dem fein justierten System meines Lebensweges. Die Unwucht wurde stärker, mündete in ein Schleudern. Doch Kritik prallte an mir ab, zu sehr war ich auf mich selbst fokussiert, zu überzeugt von meiner eigenen Unfehlbarkeit. Und je mehr sich diese Selbstwahrnehmung manifestierte, umso mehr glich sie einem süßen Gift, mit dem ich mich selbst vergiftete. Die Strafe für diese Sünden: ein Scheitern, das man durchaus als einen Höllensturz bezeichnen kann.

Und mit dieser Erkenntnis wird auch deutlich, warum wir uns so schwer damit tun, das eigene Scheitern öffentlich einzugestehen. Denn wer bekennt sich schon gern und ohne Not in der Öffentlichkeit dazu, „Todsünden" begangen zu haben? Ich will es tun, ich habe sie begangen – und nicht nur eine.

Im christlichen Verständnis werden sie als der Ursprung aller Sünden verstanden: Die stolze Person will sich nicht dem Willen Gottes beugen. Heute sind die beiden Worte mehr und mehr durch Begriffe wie Arroganz oder Anmaßung ersetzt worden, weil der religiöse Aspekt keine tragende Rolle mehr spielt.

Arrogante Menschen sind also Personen, die auf andere herabsehen und sich für etwas Besseres halten. Das war auch jenes Verständnis, aus dem heraus mich mein Vater in meiner Jugendzeit ermahnt hatte, nicht arrogant zu sein.

Bereits in den Anfangsjahren als Manager bei Bertelsmann arbeitete ich hart. Ich ging bis an meine Grenzen und darüber hinaus. Ich versuchte, mein Leben mit großer Disziplin zu gestalten, und ertrug auch manche Demütigung. Als ich mit der Berufung in den Vorstand die Früchte dieser harten Arbeit zu Recht zu ernten glaubte, war ich stolz. Ich war stolz auf meine besondere Leistung, stolz auf meinen Erfolg. Diese Art von Stolz ist keine „Sünde", sondern wird als eine in diesem Fall berechtigte Empfindung verstanden.

Als ich später die Bertelsmann-Beteiligung an AOL Inc. und AOL Europa für einen Gewinn in Milliardenhöhe verkaufte und dem Unternehmen fast zeitgleich die Kontrolle über die RTL Group verschaffte, war meine Gemütslage zuerst einmal diffus: Ich empfand Dankbarkeit für diese höchst erfolgreichen Abschlüsse, die das Unternehmen grundlegend veränderten und dessen Erfolgsgeschichte für Jahrzehnte prägten; dazu Stolz auf das, was ich erreicht hatte. In diesen fast euphorischen emotionalen Ausnahmezustand mischte sich zunehmend das Gefühl, dass dies kein Einzelfall sein würde, sondern dass ich solche außerordentlichen Leistungen ständig würde wiederholen können; dass ich bedeutend mehr zu leisten in der Lage war als mein Amtsvorgänger und selbst als der Firmenpatriarch, von den damaligen Vorstandskollegen gar nicht zu reden.

Auf dem Nährboden des Stolzes keimten Hybris und Hochmut und in deren Fahrwasser schließlich auch die Arroganz: Ich begann, meine Umwelt spüren zu lassen, dass ich mich für etwas Besseres hielt. Meine Wirkung sei laut und raumfüllend geworden, schrieben die Medien. Ich erschien nicht, ich trat auf. Die Öffentlichkeit war eine Bühne, und ich begann, dort meine Rolle zu spielen. Das „Ich-bin-ich-Prinzip" gebar neue Prinzipien, die immer mehr Raum einnahmen und mein Denken und Handeln weitreichend bestimmten: das Prinzip „Ich bin wichtig" und das Prinzip „Darauf habe ich Anspruch".

DAS „ICH BIN WICHTIG"-PRINZIP

Fatal an dieser Entwicklung war, dass sie zunächst von meinem Umfeld noch befeuert wurde. Bekam ich Einladungen zu Empfängen, so sondierte mein Stab zunächst, wie die Sitzordnung gestaltet war. Das war ein wichtiges Entscheidungskriterium, ob ich an einer Veranstaltung teilnahm oder nicht.

Die Einweihungszeremonie des Jüdischen Museums in Berlin verließ ich vorzeitig, weil ich der Meinung war, dass mir vom Protokoll ein Tisch zugewiesen worden war, der nicht meinem mir selbst zugeschriebenen Status entsprach. Beim Empfang zum 60. Geburtstag von Steve Schwarzman, dem Chairman und CEO von *Blackstone* in New York, ging ich Jahre später trotz eines angekündigten Auftritts von Rod Stewart ebenfalls vorzeitig, weil ich in meiner übermäßigen Hybris die Gäste dort als langweilig empfand. Meine Tischnachbarn wären Persönlichkeiten wie

Colin Powell gewesen. Heute schäme ich mich für dieses Verhalten.

„Ich bin wichtig" bedeutet aber auch, dass man beim Boarden eines Fluges den Anspruch vor sich herträgt, als erster Passagier das Flugzeug zu betreten, und zudem auch den exponierten Sitz in der ersten Reihe beansprucht – auch wenn dort bekanntlich die Beinfreiheit deutlich knapper ist. Und natürlich erwartet man, dass man von den Flugbegleitern mit Namen und unter vollständiger Auflistung aller akademischen Titel begrüßt wird. Auf Interkontinentalflügen lassen Körperhaltung und Gestus das Kabinenpersonal und alle mitfliegenden Gäste wissen: „Seht her, ich bin wichtig. Ich arbeite auf dem gesamten Flug und es steht mir zu, angemessen und mit Respekt behandelt zu werden."

Das „Ich bin wichtig"-Prinzip hat viele Konsequenzen für das eigene Verhalten und den eigenen Auftritt. Zum Beispiel, dass man immer und überall den besten Tisch im Restaurant beansprucht; dass man bei Veranstaltungen grundsätzlich in der ersten Reihe sitzen muss und empört ist, wenn dies nicht der Fall sein sollte; dass man bei der offiziellen Vorstellung darauf besteht, dass alle Titel und Positionsbezeichnungen aufgezählt werden; dass alle Empfangschefs der führenden Hotels dieser Welt den eigenen Namen kennen müssen. Bescheiden geht anders. Und Hochmut ist das fatale Gegenteil von Demut.

Nach einer Diskussionsveranstaltung, die Angela Merkel auf dem *World Economic Forum* in Davos mit prominenten deutschen Wirtschaftslenkern führte, verließ ich als Erster den Konferenzraum. Die Kanzlerin ging unmittelbar hinter mir, wir waren auf dem Weg zum traditionellen Empfang des Verlegers Hubert Burda und seines Focus-Teams.

Kurz bevor wir Hubert Burda erreichten, zupfte die Kanzlerin von hinten an meinem Jackett und fragte: „Halten Sie es eigentlich für richtig, vor dem deutschen Kanzler zu gehen?" Ich drehte mich um, lächelte die Kanzlerin freundlich an – und setzte ungerührt meinen Weg an der Spitze der Delegation fort.

Soviel zu meinem damaligen Selbstverständnis und den Irrwegen, die ich beschritt, nicht nur in Davos. Welche Schlüsse man daraus in Bezug auf das Selbstverständnis der Kanzlerin ziehen mag, möge jeder für sich selbst entscheiden.

DAS „DARAUF HABE ICH ANSPRUCH"-PRINZIP

Das Prinzip „Darauf habe ich Anspruch" erwuchs in der Folge rasch aus dem „Ich bin wichtig"-Verständnis. Das Umfeld musste dem eigenen Selbstbild angemessen sein. Bei Firmenveranstaltungen erwartete ich selbstverständlich, in dem größten Hotelzimmer untergebracht zu werden. Aber auch bei Reiseorganisationen, dem Management meines dichten Terminkalenders und der Wahl von Transportmitteln – bis hin zum Hubschrauber – war ich davon überzeugt, dass ich darauf einen Anspruch hatte. Ob ich mit dieser Anspruchshaltung ein Einzelfall unter Führungskräften war, vermag ich nicht zu beurteilen. Meine Beobachtungen legen allerdings die Vermutung nahe, dass dies nicht so ist.

Ich erinnere mich an einen Vortrag vor deutschen Unternehmern in der Schweiz, in dem ich auch über diesen damaligen Anspruch berichtete: „Das größte Hotelzimmer steht mir zu!" Zu meiner Überraschung sprach mich nach dem Vortrag ein Teilnehmer auf dieses Beispiel an. Er stellte sich als mittelständischer Unternehmer aus Westfalen vor, der in seiner Marktnische Weltmarktführer ist und rund 8000 Mitarbeiter beschäftigt. Er wirkte sehr bescheiden, reflektiert, ein erfolgreicher und geerdeter Firmeneigner. Seine Frau stand neben ihm.

„Ihr Beispiel mit dem größten Hotelzimmer in Ihrem Vortrag beschäftigt mich", sagte er. „Ich muss gestehen, ich fühle mich ertappt. Ich habe mich in dieser Hinsicht genauso verhalten, wie Sie es von sich beschrieben haben. Ich habe heute etwas gelernt. Das wird mir nicht wieder passieren." Er gab mir die Hand und bedankte sich.

Grundsätzlich bin ich bis heute der Ansicht, dass über das richtige und angemessene Transportmittel das Management entscheiden muss und nicht Staatsanwälte oder Richter. Als ich in den stürmischen Anfangsjahren der Digitalisierung mit der aggressiven Entwicklung der neuen Wettbewerber von Bertelsmann wie *Microsoft, Telefonica* oder *Vivendi* mithalten musste, stellte ich fest, dass die CEOs dieser Unternehmen mir bisweilen einen Schritt voraus waren. Während mein Sekretariat bei kurzfristigen Änderungen des Reiseplans um den Zugriff auf knappe Sitzplätze kämpfen musste, nutzten meine Wettbewerber ihre Firmen- oder Privatjets und flogen zum nächsten Termin, ohne Wartezeiten, ohne Zwischenstopps. Die Zeit war kostbar, und sie hatten mehr davon.

Bei meinem ersten Besuch der *Sun Valley* Konferenz in Idaho rollte die Linienmaschine, mit der ich gerade eine knapp 16-stündige Flug-Odyssee absolviert hatte, auf dem kleinen Flughafen Harley an einer Flotte von rund 30 privaten Gulfstream Jets mit interkontinentaler Reichweite vorbei. Es waren die Transportmittel meiner unmittelbaren Wettbewerber, die von ihrem Abflugort direkt nach Harley geflogen waren.

Zurück in Gütersloh berichtete ich Reinhard Mohn davon. Er entschied in Sekunden, dass auch ich zukünftig einen solchen Jet nutzen sollte. Die Zeit seines CEOs am Verhandlungstisch sei ihm wichtiger, als dass dieser sich stundenlang unerreichbar im Flugzeug oder unnütz auf Flughäfen aufhalten würde.

Diese Jahre prägten mein Reise- und Flugverhalten in der Folgezeit erheblich. Entstanden aus einer Notwendigkeit. Dennoch hätte ich in einer späteren Phase deutlich bewusster mit der Wahl der Transportmittel umgehen sollen.

So entwickelten sich im Laufe der Zeit die verschiedensten Ansprüche. Sie wurden alle immer widerspruchslos erfüllt, und so nahm die Entwicklung ihren Lauf. Ich war schließlich nicht mehr nur der Meinung, ich hätte Anspruch auf das höchste Gehalt im Konzern, was ich mir vertraglich zusichern ließ, sondern auch, dass ich keinen Stellvertreter benötigte. Dem Vorstandskollegen, der bereits über eine entsprechende Zusage meines Amtsvorgängers verfügte, teilte ich nach der Zustimmung des Konzernherrn persönlich mit, dass es mit meiner Stellvertretung nichts werden würde. Dass ich meinen Kollegen erheblich verletzte, interessierte mich ebenso wenig wie die Sichtweisen meiner anderen heimischen Mitstreiter; mitunter empfand ich ihre Ausführungen sogar als lästig. Ich glaubte es ganz einfach besser zu wissen.

Es gab damals nur einen Vorstandskollegen, den ich wirklich respektierte: Manny Fontenla Novoa fungierte damals als CEO der *ThomasCook Group plc.* Andere Vorbilder waren die Kollegen in den amerikanischen Boards, von ihnen glaubte ich lernen zu können. Allen voran Steve Case, damals der CEO von AOL Inc., und Jack Welch, Chairman und CEO von *General Electric.*

Für meinen Hochmut und meine Arroganz habe ich teuer bezahlt. Hätte ich bei der Erstellung einer Festschrift formal das Votum des Vorstandes bei KarstadtQuelle eingeholt, das in wenigen Minuten die Zustimmung besiegelt hätte, wäre mir eine Haftstrafe erspart geblieben. Doch dieses Votum hatte ich nicht herbeigeführt. Nicht nur, weil sich die betreffende Summe deutlich im Rahmen meiner Entscheidungsbefugnisse bewegte, sondern vor allem, weil ich der Ansicht war, ich hätte das nicht nötig. Die Meinung der Kollegen erschien mir schlicht überflüssig.

Als ich bei Bertelsmann ausschied, hatte ich mich weiter denn je von dem Studenten entfernt, der in seinem Wohnheimzimmer einst die Nacht zum Tag gemacht hatte, weil er die Welt verbessern wollte. Hochmut prägte mein Denken, Arroganz diktierte mein Handeln, Narzissmus machte mich blind für die Bedürfnisse meines Umfelds. Ich lebte nun selbst das, was man mir vorgelebt hatte – nur extremer. Ich gebärdete mich so, wie es meiner Meinung nach einem internationalen Wirtschaftsführer angemessen war, und war in vielerlei Hinsicht eine Kopie meines Mentors geworden. Die ist allerdings nur selten besser als das Original.

Reinhard Mohn hatte schon früh die „Eitelkeit bei Managern" thematisiert. 1985, ein Jahr vor meinem Eintritt bei Bertelsmann, veröffentlichte er über die Bertelsmann Stiftung eine Broschüre mit dem Titel „Die Eitelkeit im Leben eines Managers". Dieser Beitrag wurde auch in *Die Zeit* mit Erscheinungsdatum 27. Dezember 1985 publiziert, firmierte aber dort unter dem Titel: „Schaumschläger im Vorstandsressort". Seinen Beitrag beendete Reinhard Mohn mit dem Satz: „Der Selbstverwirklichung des Managers in Bezug auf seine persönliche Repräsentanz sind durch sein Amt Grenzen gesetzt."

Im Jahr 2000 beantwortete der Firmenpatriarch lachend meine neugierige Frage, wen er denn im Speziellen mit dieser Veröffentlichung gemeint habe, mit einem knappen Satz. Meine Befürchtung, er habe mich im Sinn gehabt, bewahrheitete sich nicht. Aus heutiger Perspektive weiß ich allerdings: Seine Ausführungen galten natürlich auch meinem Verhalten als Topmanager, wie auch dem unzähliger anderer ehemaliger Kollegen.

Im Februar 2003 wiederholte er seine Kritik an den eitlen Managern und benannte sie als Grund für seine Entscheidung, den Familienvertretern zukünftig einen höheren Einfluss auf die Führung des Unternehmens einzuräumen. Diese Kehrtwende kam für das Management überraschend. Jahrzehntelang hatte Reinhard Mohn zuvor die Trennung zwischen Führung und Kapital propagiert.

Es gibt viele weitere Beispiele für eine hochmütige Haltung, auch oder gerade dann, wenn es sich um führende Vertreter der jeweiligen Sparte handelt, die Spitzenleistungen zu erbringen in der Lage sind. Dies betraf zuletzt verstärkt auch erfolgreiche Fußballspieler, deren Gagen sich mittlerweile in so abenteuerliche Höhen geschraubt haben, dass selbst international erfolgreiche Spitzenmanager nur von ihnen träumen können. Das „goldene Steak", mit dem sich Frank Ribery, Spieler beim FC Bayern München, stolz für seinen Social-Media-Account fotografieren ließ, ist da nur ein – zugegebenermaßen herausragendes – Beispiel.

Eine gesellschaftliche Debatte über die Einkommensentwicklung im Profi-Fußball ist überfällig. Wo hitzig über Erfolgsbeteiligungen im Management diskutiert wird, sollten wir uns angesichts dieser Entwicklung fragen, ob in der Debatte der richtige Schwerpunkt gesetzt wird.

AUF AUGENHÖHE MIT DEN MÄCHTIGEN

Erfolg, zumal recht großer, katapultiert den Menschen in gesellschaftlicher Hinsicht zuverlässig in höchste Ebenen, in meinem Fall sogar in allerhöchste. Der Umstand, dass ich mich plötzlich den Mächtigen dieser Welt auf Augenhöhe begegnen sah, wirkte auf meinen Stolz und Hochmut in etwa wie ein Brandbeschleuniger. Sehr gut lässt sich das am Beispiel meines Besuches in Kennebunkport ablesen.

Die riesige Flagge der Vereinigten Staaten von Amerika bewegte sich kaum in der Flaute, obwohl der Fahnenmast auf einer kleinen Anhöhe stand. Seitlich vor ihm parkte ein grünes Golfcart, in dem ein Mann saß und mir freundlich zuwinkte. Ich stieg gemessenen Schrittes die kleine Anhöhe in dessen Richtung empor, so wie mich die FBI-Beamten, die nach meiner Ankunft meine Personalien kontrolliert hatten, angewiesen hatten.

Der Mann in dem Buggy war George H. W. Bush, der damalige Präsident der Vereinigten Staaten. Er streckte mir offen und freundlich lächelnd die Hand entgegen: „Welcome, Thomas. We are happy to have you here for this weekend. Feel like at home. Let me give you a lift to our house and to introduce you to my family."

Ich bestieg das Golfcart und wurde vom 41. Präsidenten der USA zum Haupthaus seines Anwesens chauffiert, wo ich ein unvergessliches Wochenende mit ihm und seiner Familie verbringen durfte.

Von der ersten Sekunde an spürte ich die Aura, die Intelligenz, die menschliche Wärme und auch die Macht, die dieser so bescheiden wirkende Mann ausstrahlte. Beeindruckt war ich auch von seiner Frau Barbara, begeistert von deren Familiensinn und überwältigt von der Gastfreundschaft, die ich hier erfuhr. Diese Stunden mit dem damals mächtigsten Mann der Welt und seiner Familie waren voller Heiterkeit und fröhlichem Lachen, mit viel Sonne und reichlich Wein („German Riesling from Helmut (Kohl)"), den im Laufe des mehrstündigen Mittagessens in der Sonne eine Kühlbox lieferte, vornehmlich Kabinett und Spätlese. Später sahen wir uns gemeinsam Videos an.

Ich fühlte mich unbeschreiblich wohl im Kreise dieser eindrucksvollen Familie, die den persönlichen Kontakt zu mir auch in den folgenden Jahren über meine verschiedenen beruflichen Stationen hinweg gehalten hat.

Als ich nach diesem Wochenende in Kennebunkport nach Deutschland zurückkehrte, war ich nicht nur tief beeindruckt von diesem Erlebnis, sondern beschloss, mich zukünftig auf Kontakte und Freundschaften mit internationalen Spitzenpolitikern zu konzentrieren. Deutschland war mir zu eng geworden, ich empfand es als provinziell, die Politiker erschienen mir engstirnig und von Neid getrieben.

In einem Interview mit dem *Wall Street Journal* bezeichnete ich mich danach als „Amerikaner mit deutschem Pass" – eine Aussage, die mir bis heute als Symbol meiner Arroganz nachgetragen wird. Eine informelle Einladung in einen ebensolchen informellen Beraterkreis des Bundeskanzlers, die kurze Zeit später erfolgte, lehnte mein damaliger Pressesprecher auf meine Bitte hin ab, begründet mit der Aussage, Bertelsmann sei ein internationales Unternehmen und erziele – zum damaligen Zeitpunkt – zwei Drittel seines Umsatzes im Ausland, und ich wolle mich nicht national festlegen.

Stattdessen traf ich mich später tatsächlich mit den Präsidenten Bill Clinton und George W. Bush und hatte als Board-Mitglied der *New York Times* auch Kontakt zu Barack Obama.

Aus dem jungen Mann mit westfälischen Wurzeln, der ich eigentlich war und einst auch sein wollte, hatte sich eine Person geformt, die sich von ihrem Heimatland distanzierte und typisch deutsche Verhaltensweisen ablehnte. Das gipfelte im Rahmen des *World Economic Forums* in Davos in dem Umstand, dass ich mich in der deutschen Delegation nicht mehr wohlfühlte.

Ich hatte zwar den internationalen Glanz hinzugewonnen, aber ich hatte auch meine Wurzeln verloren. Und mit ihnen meine nationale Identität. Hier fühlte ich mich nicht mehr heimisch, und dort war ich auch nur Gast, so sehr ich es mir anders wünschte. Ich war ein Vagabund zwischen Kontinenten und Kulturen.

Es war allerdings ein sehr komfortables Vagabundieren. Eigentlich hätte ich nach meinem Ausscheiden bei Bertelsmann aus wirtschaftlichen Gründen nicht mehr arbeiten müssen. Aber etwas trieb mich, jagte mich förmlich immer weiter. Kaum hatte ich das Unternehmen verlassen, strebte ich sofort die nächste Spitzenposition an.

Und die Chance, die sich aufzutun schien, war keine schlechte: CEO bei *Vodafone* wäre noch bedeutender gewesen als der Job bei Bertelsmann. Doch in dem Rennen unterlag ich damals Arun Sarin. Ich litt unter der Niederlage. Wenn es nicht *Vodafone* hatte sein sollen, dann aber bitte ein Job, der zumindest in Europa der am höchsten dotierte ist. Ich fand ihn bei *Investcorp* in London.

NARZISSMUS

Ich fühlte mich wohl jenseits des Kanals. Es war ein Stück der internationalen Welt, von der ich glaubte, dass sie die meine sei. Ich hätte über Ausgaben nicht nachdenken müssen und war zudem nicht weit von meiner Familie in Ostwestfalen entfernt. Aber anstatt das Glück und das hohe Einkommen in London zu genießen, jagte ich weiter – und dem Stolz hinterher.

Als das Angebot an mich herangetragen wurde, Aufsichtsratschef bei KarstadtQuelle zu werden, ignorierte ich den Rat meiner Familie und nahm es an. Ich gab mein komfortables Leben in London auf, um – bei erheblich reduziertem Einkommen – einen Sanierungsfall in Deutschland zu übernehmen.

Bis heute frage ich mich, warum ich diese Entscheidung traf. Und ich schäme mich dafür. Sie war hochgradig irrational, in jeder Hinsicht. Und ihre Triebfedern waren zweifellos Eitelkeit und Hochmut und wohl auch Narzissmus. Ich wollte es allen zeigen: Ich wollte der Öffentlichkeit beweisen, dass ich selbst diese *Mission Impossible* erfolgreich meistern kann.

Im Laufe der Gespräche trug man mir außerdem zu, dass dieser Posten ursprünglich einem ehemaligen Vorstands-Kollegen bei Bertelsmann zugesagt worden war. Ich empfand damals eine tiefe Abneigung gegen diesen ehemaligen Kollegen, und ich tue es noch heute. Der Umstand, dass ich nun den eigentlich für ihn vorgesehenen Posten übernehmen sollte, war zusätzliche Motivation. Ich schäme mich auch dafür.

Die Herausforderungen bei KarstadtQuelle waren enorm groß. Sie führten aber nicht dazu, dass ich mich weniger auf mich und meine Wirkung und ausschließlich auf die Aufgaben konzentrierte. Es ist ein typisches Merkmal narzisstisch veranlagter Personen, dass sie sich permanent selbst unter Druck setzen. Ich tat das, indem ich meine Ziele für den Konzern stets öffentlich ankündigte. Ich wollte Aufmerksamkeit und öffentliche Anerkennung; jeder sollte wissen, dass ich besser war als andere.

Mein Aktionismus bewirkte allerdings das Gegenteil. Obgleich wir bei Bertelsmann Ankündigungen immer erfüllt hatten, wurde ich bei KarstadtQuelle und *Arcandor* schließlich als „Ankündigungsweltmeister" verspottet. Das ging zulasten der tatsächlichen Veränderungen, die wir mit hohem Tempo vorantrieben. Die Strategie, die ohne Frage konsequent verfolgt wurde, ging in der öffentlichen Wahrnehmung in den Ankündigungen unter.

GIER

Die Gier zählt in fast allen Religionen zu den sogenannten Todsünden. Eine andere Ausprägung ist der Geiz, der ähnliche Ursachen hat. Die Gier mündet häufig in Habgier und der Geiz in Askese.

Geizig war ich wohl nie, sondern eher immer sehr großzügig. Weil ich – das hat die Zeit seit Studententagen überdauert – gern Freude schenke; aber auch, weil man so leichter Anerkennung und Zuneigung bekommt. Auch wenn es bisweilen eine gekaufte ist.

Die Gier entwickelt sich nicht immer geradlinig, und sie tritt in verschiedenen Formen auf. Wenn ich heute zurückblicke, waren es bei mir wohl Schübe, die meine Persönlichkeit und meine Arbeit in unterschiedlicher Ausprägung beeinflussten.

Die Ausprägung, die mich am stärksten getrieben hat, war zweifellos die Gier nach Anerkennung. Sie trieb mich schon in der Jugend an, und sie war wie eine Sucht. Ich strebte fast zwanghaft die Anerkennung meiner Eltern an und versuchte, mir durch Leistung ihre Liebe zu erarbeiten. Das wurde vor allem nach meiner Pubertät offenbar. Als drittes von fünf Kindern lechzte ich nach Anerkennung und Zuspruch meiner Eltern, und besonders zu meinem Vater hatte ich eine ungewöhnlich starke Beziehung.

Da mag es manchen, wie auch den Soziologen Michael Hartmann, enttäuschen, dass es gänzlich anders war, als sie es sich so schön zurechtgelegt hatten. Der emeritierte Professor der Soziologie (!) propagierte im Rahmen einer Podiumsdiskussion die Theorie, dass Manager, die Karriere machten, überwiegend männlich und groß seien und der Oberschicht entstammten. Und er nannte mich als vermeintlichen Sohn eines wohlhabenden Textilunternehmers und Repräsentanten der Oberschicht als Beispiel für seine Mutmaßungen. Er meinte wohl: Statt Leistung und Können, Intelligenz und Ehrgeiz, Charakter und Durchhaltevermögen würde die Karriere solcher „Söhne" durch ihre Herkunft (und nebenbei offensichtlich auch durch ihre Körpergröße) befördert. Schön wäre es gewesen.

Ob man meinen Vater, einen hart arbeitenden Handelsvertreter für Textilien, tatsächlich zur „Oberschicht" zählen soll, weiß ich nicht. Jedenfalls wurden mir für die Finanzierung meines Studiums BAföG-Leistungen zuerkannt. Mein Studium absolvierte ich übrigens über den zweiten Bildungsweg, denn ich war eher ein Spätentwickler. Den Teil des Studiums, der nicht durch die BAföG-Zuwendungen abgedeckt war, finanzierte ich durch studentische Aushilfsarbeiten: vom Lagerarbeiter über einen Aushilfsjob an einer Tankstelle bis hin zu einer Nebentätigkeit als Buchhalter. Geschadet hat mir das jedenfalls nicht.

Später übernahm ich die Rolle desjenigen, der sich um die Angelegenheiten und Sorgen der anderen kümmerte: um die meiner Eltern, später auch um die meiner Geschwister, mit Ausnahme meiner älteren Schwester Gaby. Es war auch eine konsequente Folge dieser Entwicklung, dass ich meine Eltern zu uns nach Bielefeld holte. Mein Vater war zu diesem Zeitpunkt 85 Jahre und meine Mutter 75 Jahre alt. Sie lebten noch einige Jahre mit auf unserem Grundstück, sicher ver- und umsorgt.

In dieser Konstellation wurde ich gemeinsam mit meinem Vater endgültig das „Oberhaupt" des Middelhoff-Clans. Nach seinem Tod übernahm ich diese Rolle allein. Ich versuchte, mich mit allen Problemen des Familienverbunds zu befassen, gefragt oder ungefragt. Ich wollte für sie alle sorgen, sie beschützen, das sah ich als meine oberste Aufgabe an. Und ich wollte ihre Anerkennung.

Als ich das höchst außerordentliche Angebot von AOL Inc. und später von AOL TimeWarner erhielt, dort die Position des CEO zu übernehmen, schlug ich es aus. Die selbst auferlegte Verantwortung für die Familie war einer der Gründe für diese Entscheidung. Der andere beruhte auf der Tatsache, dass Reinhard Mohn zu genau diesem Zeitpunkt einen Schlaganfall erlitten hatte. Ich konnte und wollte ihn und den Konzern nicht allein lassen. Und natürlich erwartete ich dafür auch entsprechende Anerkennung.

DIE DROGE DER ÖFFENTLICHEN ANERKENNUNG

Und diese Anerkennung wurde im Laufe der Zeit und meiner beruflichen Entwicklung immer wichtiger. Ich erstrebte sie überall und von jedem. Auch und besonders von den Medien als vermeintlich unabhängige Instanz und Multiplikator für die Öffentlichkeit. Das öffentliche Bild von mir sollte höchstmöglich glänzen, und alle sollten es erfahren.

Ich kann mich an einen Besuch beim *Manager Magazin* in Hamburg erinnern. Die Redaktion hatte in einer Ausgabe kritisch über mich berichtet – und sich dabei ein wenig über mich lustig gemacht. Aus heutiger Sicht war das kein sonderlich schlimmer Artikel, geschweige denn ein von Häme getragener Verriss meiner Person, wie ich sie später las und noch heute manchmal lese. Dennoch setzte mir das Stück sehr zu, und ich saß als junger Vorstandschef betroffen und alles andere als souverän vor der Redaktion und wollte wissen, warum sie meine Leistungen verkannten und mich offensichtlich absichtlich verletzen wollten. Es war keine Sternstunde meiner Vita.

Einen gewichtigen Beweis für breite Anerkennung stellten damals für mich die Rankings der „wichtigsten Persönlichkeiten Deutschlands" dar. Natürlich sind sie alle mindestens fragwürdig. Aber ich beobachtete sie sehr genau. Als ich in einem Jahr gleich hinter Helmut Kohl und vor Leo Kirch auf dem zweiten Platz platziert wurde, war die Genugtuung groß. Aber sie hielt nicht lange an.

Ich begann, auch die Anerkennung auf internationaler Ebene anzustreben, und beobachtete nun das amerikanische Pendant, wo ich wenig später unter den „TOP 20 der erfolgreichsten und visionärsten Manager der Welt" rangierte.

Das Denken in Rankings, der ständige Vergleich mit anderen, das manische Messen des eigenen Wertes und die Sucht nach Bestätigung und Anerkennung prägten mein Verhalten und mein Handeln auf ganzer Linie. Andere Topmanager begriff ich als Wettbewerber und konnte nur schwer ertragen, wenn sie erfolgreicher waren als ich. Das ließ mich ständig nach noch größeren Aufgaben und Herausforderungen suchen, und ich forderte pausenlos Höchstleistungen von mir selbst. Nur so, glaubte ich, könnte ich bekommen, was ich so sehr brauchte.

Ich strebte nach Anerkennung um jeden Preis. Ich versuchte Journalisten zu umgarnen. Ich gab fast jedem Wunsch nach einem Interview nach. Ich saß zusammen mit Prominenten wie Bill Gates in Talkshows, bei deutschen Sendern, aber auch in den USA und in China.

Jeden Sonntagmorgen um 10:30 Uhr, wenn sich die Familie um den Frühstückstisch versammelt hatte und nun endlich einmal Zeit für einen entspannten familiären Austausch gewesen wäre, läutete das Telefon. Die Kinder riefen dann schon wie auf Kommando zusammen mit meiner Frau im Chor: „Herr Harnischfeger!"

Ich sprang vom Tisch auf, eilte in mein Arbeitszimmer und blieb dort für mindestens 30 Minuten. Zurück an der Frühstückstafel, fand ich diese dann zumeist verlassen vor. Nur der Familienhund hatte meist noch auf mich gewartet. Es war allerdings weniger meine Person als die Hoffnung auf eine milde Gabe in Form eines übrig gebliebenen Wurststückes, die ihn am Tisch ausharren ließ.

Der sonntägliche Anrufer war der damalige Chef der Public Relations der Bertelsmann AG. Er rief keineswegs aus eigenem Antrieb an, um unseren gemeinsamen Sonntag zu stören. Ich hatte ihn um die Anrufe gebeten, um in Ruhe die Presseschau des Wochenendes besprechen und bewerten zu können. Ich wollte für alles gewappnet sein. Für potenzielle Problemfälle, aber auch für Erfolge.

Ich genoss es, mein Bild auf den Covern internationaler Wirtschaftsmagazine von *Fortune* bis *Business Week* zu sehen oder auf den Titelseiten der führenden Wirtschaftszeitungen vom *Wall Street Journal* bis *Financial Times* präsent zu sein. Natürlich ging es in den Berichten inhaltlich um mein berufliches Wirken und um dessen Erfolge. Was es aber bei mir hervorrief, war im Laufe der Jahre immer weniger Dankbarkeit für die positive Wahrnehmung des Unternehmens, sondern zunehmend Genugtuung und Stolz, mich selbst im Zentrum der öffentlichen Aufmerksamkeit zu sehen – der für mich wichtigsten Form der Anerkennung.

Die Themen der Interviews wurden breiter – und immer weniger auf den Kern meiner Tätigkeit fokussiert. Ich wurde zu vielem befragt und gab bereitwillig auf alles Antworten. Es ging immer stärker um mich selbst.

Dass ich mit diesem Habitus bei Weitem nicht allein war, zeigen Beispiele von Kollegen wie Josef Ackermann, dem ehemaligen Chef der Deutschen Bank, der sich während der Finanzkrise 2008 als Retter feiern ließ. Und das, obgleich das von ihm geführte Institut maßgeblichen Anteil am Entstehen der Finanzkrise hatte und schon damals in eine Vielzahl von Strafverfahren verwickelt war und noch heute unter deren Folgen massiv zu leiden hat; oder

Ron Sommer, der ehemalige Chef der Telekom, der regelmäßiger Gast in TV-Talkshows war. Der Börsengang der Telekom wäre allerdings ohne seine PR-Arbeit nicht zu einem solch überragenden Erfolg geworden.

Es ist nicht immer leicht, auf Anhieb zu erkennen, wann tatsächlich die eigene Expertise gefragt ist und wann es lediglich darum geht, mit einem prominenten und anerkannten Namen das eigene Renommee aufzupolieren. Nicht selten verschwimmen die Grenzen bis zur Unkenntlichkeit. Auf dem Höhepunkt der Popularität gleicht der Sog dem im Auge eines Tornados: Wenn man nicht rechtzeitig fortkommt, droht man in der trügerischen Ruhe vielleicht zu ersticken oder von der Eyewall fortgerissen zu werden.

Natürlich ist es sinnvoll – gerade bei Startups –, wenn der Firmengründer sich und seine Persönlichkeit für Marketingzwecke zur Verfügung stellt. Es braucht allerdings eine große (selbst)kritische Sensibilität, um den schmalen Grat zu erkennen, der den Firmennutzen vom Selbstzweck trennt. Seriöse unternehmerische Kontinuität ist auf diese Weise jedenfalls kaum erreichbar. Und die Darstellung in der Öffentlichkeit ist ab einem bestimmten Punkt auch nicht mehr steuerbar.

Grundsätzlich gilt wohl die Regel: Je schneller öffentliche Anerkennung in große Höhen wächst, desto größer das Risiko für einen tiefen Fall.

Das lässt sich an meinem Beispiel bestens studieren: In den Jahren von 1986 bis zu meiner Verhaftung 2014 vollzog die Berichterstattung über mich eine negative Entwicklung, die, einmal richtig in Fahrt gekommen, an Eigendynamik und Tempo in Potenz zunahm – und in einer Darstellung endete, die durchaus die Bezeichnung „Vernichtung" verdient hat.

Dennoch gestalten zwei Parteien diese Öffentlichkeit: die Person des öffentlichen Interesses und die Medien, die über sie berichten – und sie bisweilen für eigene Zwecke benutzen. Dabei sollte man sich immer vor Augen halten: Fehler der einen Seite entbinden die andere nicht von ihrer Verantwortung, ihr eigenes Handeln unter ethischen Gesichtspunkten kritisch zu hinterfragen – und die Würde des Menschen zu respektieren.

Wie weit das gehen kann, offenbarte mir eine E-Mail, die ich vor wenigen Monaten von einem deutschen Unternehmer erhalten hatte. Er war nach öffentlichen Anfeindungen, die sich später als haltlos erwiesen, verbittert nach Austin, Texas ausgewandert. Er schrieb: „Der gesellschaftliche Glaube an die Gewissenhaftigkeit deutscher Institutionen sowie einem journalistischen Ehrenkodex ist so groß, dass das natürliche Interesse zur Aufklärung bei falscher Tatsachenbehauptung erstickt wird."

Die andere Gruppe, deren Anerkennung mir damals so essenziell wichtig war, waren meine Berufskollegen. Natürlich kann ich das nicht abschließend seriös beurteilen, dennoch fühlte ich mich damals in der angelsächsischen Welt anerkannter als hierzulande. Führungspersönlichkeiten sowie Wirtschafts- und Politikgrößen sind dort ein wenig offener und toleranter gegenüber anderen. Es gibt zwar auch nicht unbedingt einen Solidaritäts-Kodex, aber andererseits auch keine Ausgrenzungsrituale. Im eigenen Land sind Neid und Missgunst allzu oft die Triebfeder für Ablehnung und Ausgrenzung.

Sicher, ich trage in Teilen auch eine eigene Schuld an dieser Entwicklung. Als einer der ersten Promotoren des Internets hatte ich mit den neuen Wegen gewohnte Macht- und Hierarchiegefüge infrage gestellt. Und das in mancher Hinsicht durchaus auch provokant.

Ich erinnere mich an eine Einladung von Hermann Franz, dem ehemaligen Vorsitzenden des Aufsichtsrats der Siemens AG, zu einem Vortrag vor dem Siemens-Vorstand, der damals von Heinrich von Pierer geführt wurde. So sehr ich Herrn von Pierer fachlich und menschlich schätze, setzte ich der versammelten Siemens-Mannschaft mit meinem Auftritt damals vermutlich ziemlich zu. Mein anfangs belächeltes „Baby" AOL Inc. hatte zu dem Zeitpunkt meines Vortrages im sechsten Jahr seines Bestehens die doppelte Marktkapitalisierung der Siemens AG erreicht. Und *General Electric* war unter der Führung von Jack Welch Siemens im Bereich der Börsenkapitalisierung weit enteilt. Und ich genoss es, diese Wunde großzügig mit Salz zu bestreuen.

Es mag auch zu der Zeit gewesen sein, als ich die Sekretärin des Vorstandsvorsitzenden eines führenden deutschen Stahlkonzerns am Telefon hatte. Der Vorstandsvorsitzende habe mich zu einem Vortrag eingeladen und seine Sekretärin wollte mir nun den Termin vorgeben, zu dem ich dort zu erscheinen hätte.

Als ich der verdutzten Dame sagte, für solche Veranstaltungen hätte ich grundsätzlich keine Zeit, entgegnete sie zunächst wenig beeindruckt, ob ich denn nicht wüsste, wer der Vorstandsvorsitzende sei, wie bedeutend sein Wirken und wichtig dieser Stahlkonzern, und so weiter.

Meine Antwort war deutlich: Ich wüsste um die Bedeutung des Stahlkonzerns – und um dessen Wert am Finanzmarkt, der nur einen Bruchteil des Wertes von AOL Inc. betrüge. Außerdem hätte Stahl aus meiner Sicht ohnehin nur noch eine sehr begrenzte Zukunftsaussicht. Sie solle sich doch lieber rasch um einen anderen Arbeitsplatz bemühen, riet ich ihr: „Vielleicht bewerben Sie sich ja bei einem unserer Tochterunternehmen?!"

Natürlich hat man mich für solche Eskapaden nicht geliebt. Ich war mit AOL quasi das rote Tuch für das heimische industrielle

Establishment: schneller, attraktiver, an der Börse und für die jüngere Generation, die Kommunikations- und Lebensform nachhaltig verändernd. *More sexy*, nennt man das heute auch gern. Ich genoss diese Rolle ein wenig zu sehr und zog mir damit Ablehnung und Hass zu.

Das eigene Bild in der Öffentlichkeit muss zumeist so konformistisch und akkurat sein wie der Scheitel von Heinz Rühmann in „Der Gasmann". Ich war damals der Gegenentwurf dieser Haltung, und spätestens mit meiner Verhaftung war ich deshalb für meinen Berufsstand nun endgültig gesellschaftlich untragbar.

Hege ich heute Groll deswegen? Nein. Vermutlich hätte ich mich vor meinem Absturz in meiner alten Rolle ähnlich verhalten.

MATERIELLE GIER UND IHRE IRRWEGE

Natürlich war mir auch die Anerkennung meiner Gesellschafter ungeheuer wichtig. Den Großteil meiner Karriere war sie auch eine wichtige Motivation, zum Teil gegen meine eigenen Überzeugungen. Was mir missfiel, blendete ich lange aus. Selbst moralisch mindestens äußerst zweifelhafte Praktiken bei den Gesellschaftern akzeptierte ich. Erst mit der Prämie für den „AOL-Deal" und der damit verbundenen wirtschaftlichen Unabhängigkeit wich ironischerweise mein Opportunismus am Hofe einem eigenen Machtanspruch.

Neben der Gier nach Anerkennung ist natürlich die klassische Form der Gier hinsichtlich des Geldes zu nennen. Anders als mancher mutmaßen mag, war meine Gier nach öffentlicher Anerkennung immer stärker als die monetäre. Als ich schließlich später auch die Gier nach Geld entwickelte, führte das nicht zu nachhaltigem Reichtum, sondern vielmehr zum Verlust von allem, was ich mir zuvor in durchaus harter Arbeit wirtschaftlich aufgebaut hatte.

Im Zuge meines Ausscheidens bei *Arcandor* war ich der Überzeugung, dass mir der Bonus, den ich lange vorher ausgehandelt hatte, für den Aufbau der *Thomas Cook Group* und deren überragenden Ergebnisbeitrag zustand. Aber viel mehr als die Gier nach dem Bonus selbst war es die Gier nach der Anerkennung, die dahinter stand. Nämlich des öffentlichen Zugeständnisses des Aufsichtsrats, dass ich die gesetzten Ziele übertroffen und mich um *Arcandor* verdient gemacht hatte.

Natürlich hätte ich niemals in besagte Immobilienfonds investiert, wenn ich nicht, blind vor Gier, nach Steuerersparnis gestrebt hätte. Was wäre meiner Familie und auch mir nicht alles erspart geblieben, wenn mich diese Form der Gier nicht gepackt und meinen Verstand vernebelt hätte. Ich schäme mich noch heute für meine charakterliche Schwäche und werde es auch noch lange tun, vielleicht zeitlebens. Ich hoffe aber, dass andere vielleicht aus diesem Fehler lernen mögen.

Neben der Erkenntnis, dass materielle Güter nicht für die Ewigkeit zugeteilt werden, sondern durchaus flüchtig sind, war eine weitere Lehre für mich elementar: Besitz befriedigt nicht die wirklich wichtigen Bedürfnisse.

Die Anschaffung einer Jacht war beispielsweise ein Prozess, der sich über rund zwei Jahre entwickelte. Es war ja nicht so, dass ich nicht auch ohne Jacht bereits ein recht luxuriöses Leben geführt hätte. Aber es musste nun unbedingt noch eine Jacht angeschafft werden, um das Glück vollkommen zu machen. Ich wollte meiner Familie alles eben Mögliche bieten, den Kindern das bestmögliche Urlaubserlebnis geben. Meine damaligen Argumente der Familie gegenüber waren Klassiker: Das wiege die

Entsagungen der harten Arbeit auf oder: Ich hätte doch auch Anspruch auf etwas Spaß.

Während des zweijährigen Sondierungsprozesses wurde die Jacht immer größer, immer aufwendiger, immer kostspieliger. Aber glücklich hat sie mich nicht gemacht. Als ich sie das erste Mal betrat, empfand ich statt Euphorie ein Gefühl der Leere. Sicher, wir hatten mit den Kindern viele heitere und unbeschwerte Stunden an Bord. Bis der Überdruss die Unbeschwertheit stahl, weil auch das schönste Spielzeug irgendwann uninteressant wird, wenn alles erreichbar ist.

Unsere Häuser wuchsen sich in der Zeit zu Anwesen aus, die Zahl der Angestellten in den verschiedenen Haushalten stieg exponentiell, nicht, weil meine Frau danach fragte, sondern weil ich es so wollte. Die Mitarbeiter im Haushalt sollten uns ein komfortables Leben ermöglichen, und natürlich war ihre Anwesenheit auch eine Art Statussymbol. Man kann es wohl auch ganz simpel formulieren: Wahrscheinlich war ich ganz einfach nur ein Angeber.

Als mir die üppigen Prämienzahlungen zuflossen, trug ich mich jahrelang mit dem Gedanken, eine Stiftung zu gründen. Immer wieder nahm ich neue Anläufe, befasste mich konzeptionell mit Überlegungen hierzu. Aber über die Jahre ging das Vorhaben in der Kleinteiligkeit und Fülle des operativen Tagesgeschäfts unter. Heute bedauere ich das sehr. Nicht weil das Geld dann noch vorhanden wäre. Ich bedaure es, nicht auch auf diese Art von meinem reichen Verdienst etwas zurückgegeben zu haben.

Als ich zu einem späten – zu späten – Zeitpunkt erkannte, dass ich betrogen worden war, war ich nicht bereit, die Konsequenzen meiner eigenen Fehlentscheidung zu tragen. Meinen Besitz, mein Vermögen wollte ich unter allen Umständen behalten; aus der Gier war Habgier geworden.

Und dann war da noch die Gier nach Macht. Die entwickelte sich proportional zu meinem beruflichen Aufstieg. Zunächst hatte ich überhaupt kein Verständnis für diese Art von Einfluss. Ich bewunderte meinen Mentor, der offensichtlich über große Macht verfügte. Ansonsten war mir die umfangreiche und damals für mich noch nicht ganz greifbare Macht eines Managers in jungen Jahren eher unheimlich.

Je erfolgreicher ich mich allerdings bei Bertelsmann beruflich entwickelte, umso mehr Gefallen fand ich an den Folgen der Macht, die mir sukzessive zuwuchs. Ich hatte Einfluss auf das geführte Profit-Center, auf die Mitarbeiter, den Betriebsrat.

Macht hat eine besondere Faszination in verschiedenster Hinsicht. Und wer viel Einfluss und Erfolg hat, wer bewundert wird, dem wird gern mehr Macht zugesprochen, als er tatsächlich hat. Vielleicht auch in der Hoffnung, dass man die Dinge in jeder Hinsicht zum Guten bewegen möge.

Der Umfang der Macht, die ein Konzernchef in mancher Hinsicht besitzt, ist für Außenstehende wohl dennoch kaum vorstellbar. Wer kann schon den US-Präsidenten anrufen, um eine dringende Frage zu klären?

Dieses Selbstverständnis begann zunehmend mein Verhalten bei öffentlichen Auftritten zu bestimmen. Ich erhob mich mit wachsender Macht immer stärker über mein soziales Umfeld, über die von mir direkt geführten und auch geschätzten Mitarbeiter. Immer größer wurde die Überzeugung, ich sei etwas Besonderes, hätte besondere Ansprüche, und bestimmte Normen des gesellschaftlichen Lebens hätten für mich keine Bedeutung.

Je mehr Macht ich bekam, umso mehr liebte ich das Spiel mit ihr. Ich provozierte Situationen, in denen ich Konventionen durchbrechen konnte. Ich fand Gefallen an den Reaktionen meiner Berufskollegen, ich merkte, dass ich sie irritieren konnte. Auch das ist eine Form von Macht.

Aber ich spürte zugleich auch wachsende Einsamkeit. Je stärker ich gegen die Normen meines gesellschaftlichen Status' revoltierte, umso einsamer wurde ich, und umso heftiger versuchte ich, mit weiteren Provokationen Aufmerksamkeit und Zuwendung zu bekommen. Ein fataler Teufelskreis.

Macht übt nicht nur Faszination auf jene aus, die sie besitzen, sondern vor allem auf deren Umfeld. Je mehr Macht mir zugesprochen wurde, umso größer schien meine Anziehungskraft zu werden. Immer mehr Menschen suchten meine Bekanntschaft, sprachen von mir, wenn ich nicht anwesend war, vom „Thomas", obgleich sie mich häufig höchstens flüchtig kannten.

Manchmal kann man das Phänomen beobachten, dass sich Gier mit der Maske von Geiz und Askese tarnt. Wie anders ist es zu nennen, wenn der Firmenpatriarch demonstrativ in seinem persönlichen Umfeld ein bescheidenes Leben propagiert, auch um seine Manager einzuordnen, aber andererseits große Teile seines Besitzes in eine Stiftung einbringt, die ihm die Erbschaftssteuer erspart und zugleich der Familie die volle Kontrolle über den Konzern sicherstellt? Möge sich jeder dazu selbst sein Bild machen.

WENN GIER KRIMINELL WIRD

Der legendäre investigative Reporter Hans Leyendecker beschrieb Gier als Ursache von Wirtschaftsstraftaten unter anderem in dem 2007 von ihm veröffentlichten Buch mit dem Titel „Die große Gier". Leyendecker wählte als Belege für seine These die Konzerne Siemens (Bestechung des Betriebsrates) und Volkswagen (die Skandale rund um den damaligen Personalvorstand Peter Hartz und Klaus Volkert, den damaligen Konzernbetriebsratsvorsitzenden).

Wenn man dieses Buch aus dem Jahr 2007 heute zur Hand nimmt, gelangt man schnell zu der Erkenntnis, dass zumindest bei VW offensichtlich wenig Einsicht stattgefunden hat, was das Phänomen der Gier im Topmanagement und die Fehlentwicklungen angeht, die dies in einem Konzern verursachen kann.

Wahrscheinlich hätten ohne diese Triebfeder nicht nur die damals vom Konzern finanzierten gemeinsamen Bordellbesuche von Betriebsräten und Topmanagern nicht stattgefunden, sondern auch nicht der spätere „Diesel-Skandal", der den Konzern bislang cash-wirksam mehr als 20 Milliarden Euro gekostet hat. Diese Summe muss man sich einmal vor Augen führen – sofern man es denn kann. Ich habe da meine Schwierigkeiten.

NEID

Der vergleichende Blick auf die anderen ist in unserer Leistungsgesellschaft heute vielleicht ausgeprägter denn je. Wenn es um berufliche Leistung und das Fortkommen um Unternehmen ging, war auch ich nicht frei von Neid. Dabei ging es allerdings nie um Neid auf materielle Güter. Selbst in meiner heutigen Situation, in der ich mein Vermögen, meine Gesundheit und meine Reputation verloren habe, schaue ich zwar mit Bedauern, aber nicht mit Neid auf die vielen ehemaligen Kollegen, die über ein Vermögen und ein geordnetes gesellschaftliches Leben verfügen.

Allerdings spürte ich als junge Führungskraft durchaus mitunter Neid, wenn ich glaubte, dass andere Kollegen in der Gunst des

Mentors höher standen als ich. Auch empfand ich bisweilen als Druckereileiter Neid auf jene Kollegen, die sich international bewegen konnten, während ich in meiner Führungstätigkeit lokal und regional begrenzt war. Ich neidete ihnen ihre internationalen Gestaltungsmöglichkeiten.

Ich konnte andererseits aber auch über viele Jahre beobachten, wie Neid Entwicklungen behinderte und beispielsweise anstehende Restrukturierungen von Unternehmen fast unmöglich machte. Oder beispielsweise auch im Falle großer Akquisitionen: Mancher CEO an der Spitze eines fusionierten Großkonzerns musste sich bereits kurze Zeit, nachdem er für seinen kühnen strategischen Schachzug gefeiert worden war, wiederum heftiger persönlicher Angriffe erwehren, denen häufig eine sachliche Grundlage fehlte.

Ausprägungen im Alltag gibt es viele, die wir alle kennen: Warum wird der Kollege befördert und nicht man selbst? Warum verdient ein anderer mehr? Das sind gängige Fragen, in denen Neid zum Ausdruck kommt. Der Verdienst ist ein hochsensibles Thema, und zwar quer durch alle Gesellschaftsbereiche. Das Gehaltsgefälle zwischen Spitzenpolitikern und Wirtschaftsführern birgt Neid-Potenzial, allerdings nicht immer zu Unrecht.

Ich erinnere mich an Gespräche mit Helmut Kohl, der das Einkommensgefälle zwischen dem Bundeskanzler und dem Vorstandschef von Bertelsmann zur Sprache brachte. Möglicherweise hätten wir heute bessere Talente in der Spitzenpolitik, wenn die Verantwortung des Einzelnen eine leistungsgerechte Grundlage für dessen Vergütung wäre.

In der stärksten Ausprägung nimmt Neid auch destruktive Formen an. Man wünscht dann dem, der das hat, was man selbst missen muss, Schlechtes, etwa dass das Vermögen verloren geht oder die Anerkennung abgesprochen wird.

Vielleicht bin ich auch auf diese Weise mit der Todsünde Neid in Berührung gekommen. In diesem Fall allerdings eher als Objekt des Neides anderer denn als Täter. Ohne Frage habe ich selbst mit meinem Auftreten und meinem Führungsstil den Neid bei Kollegen zum Teil sogar absichtlich geschürt. Er war der Nährboden, auf dem Legenden wuchsen ... und Gerüchte, die teils offen, teils hinter vorgehaltener Hand ihre Verbreitung fanden – bis heute übrigens. Ausprägungen des Neids, die als Ventil für jene gedacht sind, die ihn empfinden, aber letztlich doch nur eine selbstzerstörerische Wirkung entfalten. Mancher in meinem Umfeld schien sich derart in die Neidfalle hineingesteigert zu haben, dass er auch nach Jahren ohne Berührungspunkte noch zerfressen scheint. Bedauernswert.

Nicht gänzlich zu vernachlässigen ist auch der gesellschaftliche Aspekt, der Erfolg mit öffentlicher Anerkennung belohnt. Im öffentlichen Glanz mag sich bisweilen auch die Lebenspartnerin oder der Lebenspartner sonnen. Das schürt eine Erwartungshaltung, die durchaus auch in Druck auf die Führungskraft münden kann, besser zu sein als andere, um noch mehr öffentlichen Zuspruch zu bekommen als die Wettbewerber. Diese Art des Erfolges bemisst sich weniger in Zahlen als vielmehr in Bildpräsenz in den einschlägigen Gesellschaftsmagazinen.

WOLLUST

Der Begriff beschreibt das Kultivieren einer Empfindung, die drängend und lustvoll ist. Noch im vorigen Jahrhundert wurde sie auch als „ruchlos" und „frevelhaft" angesehen. Dabei umfasst Wollust nicht nur körperliches Verlangen, sondern kann auch erotische Fantasien beinhalten. In gesteigerter Ausprägung kann

Wollust auch mit starken sexuellen Triebkräften einhergehen. Diese Triebkräfte können in Extremfällen zu einem Kontrollverlust führen.

In diesem Verständnis wird deutlich, dass die Wollust einen erheblichen Einfluss auf unser Handeln haben kann, in intensivster Ausprägung kann sie sogar ein geordnetes Leben vollständig aus der Bahn geraten lassen.

Die sexuelle Aufklärung und Enttabuisierung sind eine wichtige Errungenschaft der Neuzeit. Wo aber schon minderjährige Kinder mit ihren Smartphones alltäglich freizügige bis pornografische Inhalte konsumieren, werden die Grenzen angemessenen sittlichen Verhaltens immer unschärfer. Triebhaftes Verhalten kann so immer mehr Raum einnehmen. Dies geschieht oft unbewusst und kann die Rationalität von Entscheidungen beeinträchtigen. In ihrer stärksten Ausprägung kann Wollust sogar suchtähnlichen Charakter entwickeln, zur Steigerung des Lustempfindens sind wir dann bereit, immer höhere Risiken einzugehen.

Im Gegenzug ist es erstaunlich, dass nicht nur der etwas altertümlich anmutende Begriff Wollust, sondern gleich das ganze Thema tabuisiert wird, dabei beeinflusst es doch unser Handeln in vielfältiger Form. Betrachtet man den Peak der täglichen Internetnutzung, so liegt dieser innerhalb der offiziellen Geschäftszeiten. Man darf die Frage stellen, ob hier tatsächlich immer dienstliche Inhalte im Mittelpunkt des Interesses stehen.

Nach Aussagen von Polizeibehörden ist der Konsum von Pornofilmen während der Fahrt eine Ursache für etliche Auffahrunfälle bei LKWs. Dass Wollust sogar als Anreiz für Leistungssteigerung dienen kann, bewies ein Versicherungskonzern, der seine Mitarbeiter mit einer rauschenden Party unter Beteiligung von Prostituierten belohnte.

Es scheint offensichtlich, dass wir uns weit weniger Einfluss der Wollust auf unser tägliches Leben eingestehen, als es tatsächlich der Fall ist. Wo aber ein schleichender Verlauf nicht wahrgenommen wird, ist es fast unmöglich, notwendige Begrenzungen zu setzen.

Es ist eine Binsenweisheit, dass Macht eine hohe Anziehungskraft besitzt, in vielfacher Hinsicht, auch in sexueller. Das gilt für die Wirtschaft ebenso wie für die Politik oder die Kultur. Wo allerdings immaterielle und wirtschaftliche Macht zusammenkommen, scheint die Faszination besonders groß, größer jedenfalls als die reale Attraktivität einer Person. Sie kompensiert selbst den haltlosesten Wohlstandsbauch, ein gepflegter Körper wird zur verzichtbaren Nebensache und der schüttere Haarkranz zum Sinnbild von Intellektualität. Was sind schon äußere Werte, auf die inneren kommt es schließlich an, vor allem auf die der Brieftasche und des Visitenkartenetuis.

Nun wäre es allzu leicht, die Versuchungen eindimensional anzuprangern. Natürlich hat niemand von den Kollegen eine Affäre, weder im eigenen Unternehmen noch außerhalb. Glaubt man den Beteuerungen oder dem Schweigen, sind die deutschen Chefetagen eine moralische Instanz. Dringt doch einmal ein Fehltritt an die Öffentlichkeit, war es selbstredend ein Einzelfall. Bleibt nur die Frage, warum es den Berufszweig der professionellen Begleiterinnen überhaupt gibt, wenn doch ihre Kunden gar nicht existent sind – und zwar weltweit …

Nach einem Interview fragte mich vor einiger Zeit mein Gesprächspartner, wie er als junger, erfolgreicher Unternehmer der Versuchung widerstehen könne, wenn auf Partys gut aussehende junge Damen mit ihm flirten würden. Und was ich von Affären und One-Night-Stands halten würde. Wir führten ein sehr offenes Gespräch. Anschließend bedankte er sich sehr für mein

Vertrauen. Er habe noch nie mit jemandem über dieses Thema sprechen können, auch nicht mit seinem Vater. Es werde tabuisiert und negiert, obwohl es allgegenwärtig ist.

Es beginnt meist im eigenen Unternehmen und von beiden Seiten: die Affäre, allzu oft als Selbstbestätigung missverstanden oder als Reizfaktor in einem routinebestimmten Alltag missbraucht. Auch gegen Einsamkeit hilft sie nicht.

Die eigene Schwäche muss dann im Nachhinein gerechtfertigt werden: Der Mentor tut's, und auch der Konzernherr taugt nicht eben als Vorbild. Da liegt der Gedanke nahe: *Was die können, darf ich auch.*

Auch ich war nicht stark genug. Ich bereue das, wie so vieles, zutiefst. Und ich wünschte, ich könnte es ungeschehen machen. Ich habe es vor Gott getragen, ich wollte es nicht. Aber auch ich war zu schwach, und diese Schuld lastet schwer.

Auch in dieser Hinsicht gilt: *Ability is bringing you to the top and character is keeping you there.* Und ich hatte meinen Charakter verloren.

MASSLOSIGKEIT

Im religiösen Verständnis wird Maßlosigkeit üblicherweise in Bezug gesetzt zur Völlerei, dem maßlosen Konsum von Essen. Zumindest in dieser Ausprägung kann ich mir diese Todsünde nicht vorwerfen. Dennoch hat sich Maßlosigkeit in anderer Hinsicht in mein Leben geschlichen. Im Grunde in allem, was ich tat, verlor ich zusehends jedes Maß.

Zuallererst betraf das meinen Arbeitseinsatz. Mehr als 40 Jahre lang arbeitete ich maßlos: bis in die Nacht, einen Tag an jedem Wochenende im Unternehmen, den anderen zu Hause in meinem

Arbeitszimmer. Kaum ein Urlaub, der nicht unterbrochen wurde oder, genauso schlimm, den meine Frau nicht allein mit unseren fünf Kindern verbrachte.

Eine Aussage meiner Schwiegermutter am Düsseldorfer Flughafen sprach Bände: Sie sagte, sie werde nie mehr zum Flughafen kommen, um die Familie zu verabschieden, wenn ich mitfliege, weil ich immer auf die letzte Sekunde vom Fahrer mit quietschenden Reifen vor dem Flughafengebäude abgesetzt würde, während die Familie bereits an Bord sei und ich als letzter fehlender Passagier ausgerufen würde.

Ich war ebenso maßlos bei den Zielen, die ich für das Unternehmen verfolgte. Es musste grundsätzlich die Marktführerschaft sein, das größte Unternehmen weltweit, das angesehenste Unternehmen und mehr. Und ich war auch maßlos in Bezug auf den Arbeitseinsatz, den ich von meinen Mitarbeitern verlangte: Verfügbarkeit rund um die Uhr betrachtete ich als selbstverständlich.

Als ich an diesem Buch arbeitete, traf ich zufällig einen ehemaligen Bertelsmann-Kollegen, der damals zweieinhalb Jahre lang an mich berichten musste. Es platzte fast aus ihm heraus, als er unverblümt bekannte, dass er damals sehr unter mir und meinen Anforderungen gelitten hatte: „Ich hatte niemals wirklich Freizeit, sondern musste Tag und Nacht verfügbar sein."

In dem, was ich mir selbst physisch und psychisch abverlangte, kannte ich ebenso kein Maß. Zwei Vorstandssitzungen an einem Tag auf zwei Kontinenten (dank der *Concorde*), wöchentliches Pendeln zwischen den Zeitzonen, keine Rücksichtnahme auf den Jetlag, sondern sofortige Rückkehr an den Schreibtisch direkt nach der Landung von einem Interkontinentalflug. Oder zum nächsten Termin.

Bei der Geburt unseres vierten Kindes, bei der ich dabei war, rief meine Sekretärin im Kreißsaal an und fragte, wie lange es noch dauern würde, ich müsse dringend den Flieger nach Barcelona erreichen. Ein weiteres Beispiel für die Maßlosigkeit, mit der ich nicht nur mich selbst, sondern auch das mich unterstützende Team terrorisierte. Zusätzlich zu den drei Sekretärinnen wurde eine „Nachtsekretärin" eingestellt, die den Zeitunterschied zwischen den USA und Europa abdecken sollte, wenn ich von meinem Schreibtisch in New York aus bis spät in die Nacht arbeitete.

Aber ich war auch maßlos in dem, was ich meiner Familie abverlangte: stetige Flexibilität, kritikloses Verständnis für meine abnormen Arbeitszeiten, Nachsicht für zahlreiche Urlaubsunterbrechungen oder -absagen kurz vor der Abreise; die Bereitschaft, Veranstaltungen für bis zu 120 Personen bei uns zu Hause auszurichten, darunter allein kurz vor dem Heiligen Abend acht, vom Aufsichtsratsessen bis zur Weihnachtsfeier für die Führungskräfte.

Wenn ich heute all das reflektiere, tue ich das mit ungläubigem Erschrecken. Wie konnte ich mich so sehr verlieren? Wie mich so rücksichtslos verhalten, so egozentrisch und so narzisstisch? Und ich möchte mich zutiefst bei allen entschuldigen, die jahrelang darunter leiden mussten – vor allem bei meiner Frau!

ZORN

In der Regel entzündet sich Zorn an einem Verhalten oder an Verhältnissen, die als falsch oder ungerecht empfunden werden. Er kann eine mächtige Triebfeder zum Guten wie zum Schlechten sein. Zum Guten zum Beispiel, wenn in der Konsequenz das Bestreben entsteht, die ungerechten Verhältnisse zu verändern.

Es kam gelegentlich vor, dass mich der sogenannte „heilige Zorn" packte, eine emotionale Reaktion auf eine schreiende

Ungerechtigkeit. Es war kurz nach der Öffnung der innerdeutschen Grenze, als ich eine Klinik für leukämiekranke Kinder in Jena besuchte. Der Klinikdirektor benötigte dringend finanzielle Hilfe und erhoffte sich diese von der Konzernherrin, die auf meine Bitte hin mit mir diese Einrichtung besuchte.

Bertelsmann hatte kurz zuvor in der Nähe für einen geringen Kaufpreis eine moderne Großdruckerei von der Treuhand übernommen. Nach der Führung wurde dem verzweifelten Klinikdirektor die erbetene Hilfe unter Verweis auf die anders gelagerte Tätigkeit der Bertelsmann Stiftung kurzerhand abgeschlagen. Obwohl das eine mit dem anderen rein gar nichts zu tun hatte, war ich zu feige, das zu thematisieren. Aber es packte mich innerlich ein ungeheurer Zorn, auch wenn er leider nicht stark genug war, in einer Handlung zu münden.

Nur selten habe ich einen solchen Zorn in meinem Leben gefühlt. Er übermannt mich aber auch heute immer noch, wenn ich beispielsweise nachts auf den Straßen von Delhi unterwegs bin und sehe, wie die Menschen dort leben. Die Diskrepanz zwischen Arm und Reich ist zu erdrückend, als dass ich die Eindrücke ohne Gefühle des Zorns über diese Ungerechtigkeit sachlich verarbeiten könnte. Motiviert von dem Zorn, den ich nach meinen eigenen Erfahrungen über die Bedingungen im deutschen Strafvollzug empfinde, engagiere ich mich heute für eine Justizreform im Allgemeinen und eine sofortige Abschaffung der 15-minütigen Suizid-Kontrolle im Besonderen.

Zorn wird als Affekt verstanden, der unterschiedliche aggressive Tendenzen aufweisen kann. Dabei kann er wutähnlich sein und zur Folge haben, dass sich das emotionale Verhalten in diesem Moment nur noch unter äußersten Anstrengungen oder gar nicht mehr kontrollieren lässt. Er kann sich aber auch in einer anhaltenden emotionalen Haltung manifestieren, die sich dann zumeist auf andere Menschen konzentriert („jemandem zürnen").

In den letzten Jahren vor meiner Inhaftierung kam es häufiger vor, dass ich in dieser Form zornig wurde. Türen fielen laut krachend in ihr Schloss, häufiger als zuvor. Es war wohl mehr Ausdruck der wachsenden Verzweiflung als eines kontrollierten Umgangs mit meinen Gefühlen.

Nicht erst in dieser Phase war es fatal, dass ich auch Management-Entscheidungen aus diesem Affekt heraus traf. Zorn ist nie ein guter Ratgeber. Mit Zorn motiviert man keine Mitarbeiter zu Höchstleistungen, das Urteilsvermögen ist bestenfalls eingetrübt und über langfristige Folgen der so gefällten Entschlüsse denkt man schon gar nicht nach.

Nach Erich Fromm kann Zorn auch eine bösartige Form annehmen, bei der es dem Handelnden um die lustvoll erlebte Grausamkeit um ihrer selbst willen geht. In diesem Sinne ist Zorn durchaus in der Lage, einen anderen Menschen psychisch zu demütigen. Aus Erfahrung weiß ich, dass dies in Unternehmen häufiger vorkommt, als man vielleicht glauben möchte. Auch darüber wird in der Öffentlichkeit so gut wie nie gesprochen.

Großen Zorn habe ich über Jahre im Hinblick auf die Berichterstattung der Medien über mich entwickelt. Zorn über die vielfältigen Unterstellungen, die Verdächtigungen, die bewussten Verletzungen, die Art und Weise, wie in meinem Privatleben herumgeschnüffelt wurde; über die Angriffe auf meine Familie; über meine eigene Hilflosigkeit, als ich mich aus dem Gefängnis gegen die Berichterstattung endgültig nicht mehr wehren konnte; als meine lebensgefährliche Erkrankung zur Petitesse oder Einbildung erklärt wurde; als ich wirtschaftlich am Boden lag und die Häme noch immer nicht endete; als das Ende meiner Ehe als finanzielles Kalkül dargestellt wurde.

Ein ungeheurer Zorn erfüllte mich auch, weil ich mich ungerecht behandelt fühlte. Es war kein bösartiger Zorn, sondern auf mich selbst gerichtete Wut darüber, meine Familie und mich all dem ausgesetzt zu sehen und nichts dagegen tun zu können. Heute weiß ich, und das ist nicht leichter zu ertragen, dass meine Sucht nach Anerkennung einen erheblichen Anteil daran hatte.

Einer anderen Form des Zorns sieht sich seit der Finanzkrise 2008 die Kaste der deutschen Manager in der Öffentlichkeit ausgesetzt. Verschiedene Aspekte verbinden sich hier zu einem irrationalen und undifferenzierten Gemisch an Meinung und Mutmaßungen. Sicher lässt sich über manches kritisch nachdenken, die Debatte sollte aber immer sachlich bleiben. Offensichtlich war ich in der nachfolgenden Zeit ein symbolhafter Vertreter meiner Zunft und eine dankbare Projektionsfläche für alle möglichen Vor- und Urteile. Manchmal schien es mir, als würde ich Mitmenschen allein durch meine schiere Existenz zornig machen.

Ich denke auch heute noch, dass es jedem Menschen selbst überlassen bleiben sollte, welche Anschaffungen er mit seinem Geld tätigt. Wie er damit allerdings in der Öffentlichkeit umgeht, ist eine andere Frage. In dieser Hinsicht hätte ich mich sicher klüger verhalten können.

Erst sehr viel später habe ich verstanden, was ein solches Verhalten bei anderen bewirken kann. Ich bin Jochen Brühl, dem Vorsitzenden des „Bundesverbands Deutsche Tafel", für die Einsicht dankbar, dass wir auch Verantwortung für den Zorn derjenigen tragen, die nicht durch das Sicherungssystem unserer sozialen Marktwirtschaft getragen werden.

ACEDIA – DIE UNFÄHIGKEIT, IM AUGENBLICK ZU SEIN

Eigentlich beschreibt das lateinische Wort *Acedia* im religiösen Verständnis die Todsünde der Trägheit. Mit dieser konnte ich mich zunächst wenig identifizieren. In einem begrifflichen Verständnis bedeutet *Acedia* allerdings „Trägheit des Herzens" oder „Gefühllosigkeit" oder „die Unfähigkeit, im Augenblick zu leben". Und das betraf mich umso mehr. Denn je weiter mich meine berufliche Entwicklung trug, umso stärker entwickelte sich bei mir genau dieses Gefühl: unfähig zu sein, den Augenblick zu leben, ihn zu empfinden. Die „Trägheit des Herzens" hatte von mir Besitz ergriffen. Wer unter dieser Form von Nachlässigkeit leidet, dem ist letztendlich alles egal. Er verliert das, was den Menschen in seinem Menschsein ausmacht: die Fähigkeit zu fühlen.

Landete ich auf einem Flughafen, war ich gedanklich schon beim nächsten Start; erreichte ich Peking, war ich mental schon in Hongkong. Hatte ich ein Problem bei *Thomas Cook* gelöst, dachte ich an die nächste Aufgabe bei *Arcandor*, statt mich über das Erreichte zu freuen. War ich im Urlaub, saß ich in Gedanken am Schreibtisch und zählte die Tage, bis ich wieder abreisen und arbeiten konnte. Hörte ich ein Symphoniekonzert, arbeitete ich im Kopf die offenen E-Mails ab.

Damals dachte ich, dieses Verhalten sei ein Ausdruck meines Pflichtgefühls und meiner Disziplin. Heute weiß ich es besser: Ich war unfähig geworden, den Augenblick zu genießen oder zu würdigen. Mich hatte eine Todsünde gepackt, die im eigentlichen Sinne genau das Gegenteil von Trägheit ist, aber ähnliche Ursachen hat.

Ich hatte meine Mitte verloren. Ich bin vor mir selbst geflohen. Ich konnte es allein mit mir nicht mehr aushalten, ohne Arbeit, ohne immer neue Herausforderungen, ohne das Gefühl, rund um die Uhr beschäftigt und wichtig zu sein. In alledem suchte ich, was ich verloren hatte. Ich konnte weder innehalten noch zur Ruhe kommen. Ich war nicht mehr achtsam mit mir selbst.

Wo *Acedia* die Wahrnehmung des eigenen Lebensrhythmus' ausblendet, wird dem Betroffenen oft erst sehr spät und dafür meist schlagartig klar, wie alt er geworden ist und dass der größte Teil seines Lebens bereits hinter ihm liegt. Diese Erfahrung machte ich vor Jahren als Zeuge in einem Zivilstreit zwischen der Deutschen Bank und dem verstorbenen Medienunternehmer Leo Kirch.

Der vorsitzende Richter am Landgericht München fragte mich nach der Zeugenbelehrung nach meinen Personalien. Ich nannte ihm mein Geburtsdatum. Er lächelte und bat mich, dass ich ihm mein Alter doch in vollen Jahren nennen möge. Fieberhaft begann ich zu rechnen, doch mein Gehirn schien blockiert. Ich nannte ein falsches, zu junges Alter und brauchte drei Anläufe, bis ich dem Richter mein wahres Alter nennen konnte.

In diesem Moment wurde mir schlagartig klar, dass ich mich eigentlich immer jünger gefühlt hatte, auch weil ich in meinem beruflichen Umfeld immer zu den Jüngsten gehört hatte. Wo waren nur all die Jahre geblieben?

Meine Todsünden, Stolz und Hochmut, Gier, Wollust, *Acedia*, Zorn und Maßlosigkeit, sind in Summe dafür verantwortlich, dass mein Leben zu einem *Perfect Storm* wurde – dass ich an mir selbst gescheitert bin.

Häufig werde ich nach Vorträgen zu diesem Thema gefragt, ob es nicht Personen gab, die mich hätten zur Vernunft bringen können. Ob nicht der Aufsichtsrat, enge Freunde oder die Familie hätten einschreiten können. Es ist bitter, bekennen zu müssen: Mein Hochmut und meine Arroganz waren so ausgeprägt, dass ich niemandem wirklich zugehört habe. Die wirtschaftliche Unabhängigkeit trug das ihre dazu bei. Meine *Firewalls* waren bis zum Schluss zu stark.

3. DIE SIEBEN STUFEN ZUR ERKENNTNIS

Wenn ich auf meinen Weg zurückblicke, den ich mir mühsam erarbeitet habe und an dessen Ende ich endlich ehrlich zu mir selbst sein konnte, erkenne ich in diesem Prozess sieben unterschiedliche Phasen, vergleichbar denen, die man auch aus der Trauerarbeit kennt.

Die erste Phase ist die des Schocks, wenn die Folgen des Scheiterns zum ersten Mal und vielleicht auch noch gänzlich unerwartet über den Betroffenen hereinbrechen. In meinem Fall war dieser Schock die überraschende Verhaftung im Gerichtssaal vor den Augen meiner Familie und die anschließende Untersuchungshaft.

Ich konnte mich nicht einmal von meiner Frau und meinen Kindern verabschieden. Als sich nach dem erniedrigenden Aufnahmeprozess die Zellentür mit einem metallischen Klang hinter mir schloss, war ich in wenigen Stunden von einem selbstbestimmten, freien Macher zu einem Häftling geworden, der gar nichts mehr selbst entscheiden konnte und dessen Aktionsradius sich auf 8 Quadratmeter beschränkte.

Ich kann mich an keinen anderen Schock in meinem Leben erinnern – mit Ausnahme des Moments, als ich die Nachricht vom Selbstmord meines Bruders erhielt –, der mich so sehr getroffen hat wie dieses Erlebnis. Die Hilflosigkeit, die man fühlt, wenn man unerwartet seiner Freiheit beraubt wird, lässt sich nicht mit Worten beschreiben. Glücklicherweise muss nicht jeder, der im Leben scheitert, diese Erfahrung machen. Umgekehrt ist derjenige unbestreitbar gescheitert, der sie macht.

Die Dauer eines solchen Schockzustands ist nicht vorhersagbar. Sie hängt von zahlreichen Faktoren ab, wie der psychischen Stabilität, den aktuellen Lebensbedingungen, dem sozialen Umfeld oder den öffentlichen Reaktionen.

Es dauerte Stunden, bis ich halbwegs Ordnung in meine Gedanken bringen konnte. Und als ich wieder zu einigermaßen klarem Denken in der Lage war, gab es zunächst nur eine Perspektive: Ich war unschuldig, ich musste hier raus! Sofort!

Alle Energie, alle Hoffnung fokussierte sich auf diesen Gedanken. Als diese Hoffnung jedoch vergeblich blieb und ich mich nach Tagen noch immer in meiner Zelle fand, setzte ein Prozess ein, der ein mühsamer war und mehrere Stufen durchlief. Und an dessen Ende ich mir schließlich eingestehen musste: Ich bin nicht unschuldig. Ich bin gescheitert!

Dieser Prozess war so langwierig und steinig, weil sich alles in mir gegen die finale Erkenntnis sträubte. Gegen das Bewusstsein, dass tatsächlich ich es war, der sein eigenes Scheitern anerkennen musste, und vor allem: dass ich dafür ganz allein und höchstselbst die Verantwortung trage.

Bis zu diesem Punkt hatte ich aber noch viele Stufen zu bewältigen.

LEUGNEN, ZORN UND REAKTANZ

Vielleicht hatte ich Glück, dass ich ein ganzes Wirtschaftsleben lang darauf konditioniert war, Probleme zu lösen, und zwar möglichst umgehend. Sicher war und ist mein instinktiver Überlebenswille groß und ungebrochen, deshalb hielt die Phase der „Schockstarre" bei mir relativ kurz an. Stattdessen konzentrierte ich mich darauf, Schuldige zu finden. Zunächst zählte ich mir alle Argumente auf, die belegen sollten, dass meine Situation hinter Gittern nicht meinem eigenen Verhalten zuzurechnen war, sondern Dritten, die mir Böses wollten.

Meine Liste der Namen von vermeintlich Schuldigen war lang, und ich deklinierte sie wieder und wieder gedanklich durch: die Anwälte, die mich nicht oder nur unzureichend verteidigt hatten; Sal. Oppenheim und Josef Esch, die mich um mein Vermögen betrogen hatten; Madeleine Schickedanz, die mit ihrer Falschaussage vor Gericht meine Verteidigung zunichte gemacht hatte; der kleingeistige, uneinsichtige Richter, der die Notwendigkeiten einer Konzernführung nicht verstand und mich in Untersuchungshaft nahm; Roland Berger, der nicht nur mir mit seinem ungerechtfertigten, brachialen Vorgehen geschadet hatte, sondern letztlich auch sich selbst; Freunde, die mir in meiner Not den Beistand versagten und andere mehr.

Übernächtigt und verzweifelt saß ich tagelang in meiner Zelle und identifizierte je nach Stimmungslage immer wieder einen neuen Hauptverdächtigen, war überzeugt, den wirklichen Täter gefunden zu haben, nur um nach wenigen Minuten doch wieder einen anderen zu benennen. Im Rückblick fand ich für all mein Handeln eine logische Begründung: Ich hatte mich doch immer richtig verhalten, weil ich in der jeweiligen Situation eben genau so und nicht anders hätte entscheiden können.

Gleichzeitig entwickelte sich ein in dieser Phase geradezu lehrbuchmäßiger Zorn, der sich in alle nur denkbaren Richtungen ausbreitete und sich vor allem gegen Personen richtete, die ich auch nur annähernd ursächlich mit meinem Scheitern in Verbindung bringen konnte. Diese Phase kann unter Umständen sehr lange anhalten. Sie ist ausschließlich rückwärtsgerichtet, ein Ausdruck der eigenen Hilflosigkeit, und sorgt dafür, dass man der Realität nicht ins Auge sehen muss.

Zufällig traf ich nach meiner Entlassung in Hamburg manchmal einen in der Öffentlichkeit gut bekannten Mann, der als Freigänger eine Haftstrafe verbüßte. Jedes Mal berichtete er mir schon nach wenigen Minuten das Gleiche: dass er sich zu Unrecht in Haft befände, dass es sich um ein Fehlurteil handele und dass dies jetzt auch allen klar sein müsste. Er hatte bei unserer ersten zufälligen Begegnung bereits zwei Drittel seiner Haftstrafe abgesessen, aber offensichtlich dennoch bisher keinerlei Erkenntnisse gewonnen. Undenkbar, dass er sich auf dieser Basis berechtigte Hoffnung auf eine zweite Chance, auf einen Neuanfang, machen kann.

Dem Zorn folgt die Phase der Reaktanz – des inneren „Blindwiderstands" oder auch der Verdrängung. Irgendwann merkt man, dass der Zorn nicht wirklich weiterhilft. Dann versucht man, die Realität zu ignorieren. Man will um keinen Preis wahrhaben, wie es wirklich um einen steht. Die Realität wird mithilfe unterschiedlicher Methoden ausgeblendet.

Während meiner Haftzeit bin ich verschiedenen Menschen begegnet und konnte an ihnen unterschiedliche Verläufe beobachten. Einige verharrten für lange Zeit in dieser Phase des Ausblendens, manche überwanden sie nie. Die *Firewall* des Gehirns muss nur stark genug sein, dann kann man sich bequem in dieser Lage einrichten. Wenn es dazu genügend unkritische Freunde im persönlichen Umfeld gibt, die in falsch verstandener Unterstützung der Reaktanz keinen Einhalt gebieten, findet man umso schwerer aus ihr hinaus. Wenn mir ständig auch ungefragt bestätigt wird, dass ich noch immer der Größte bin, muss ich mein Verhalten auch nicht ändern. Eine kritische Aufarbeitung der eigenen Situation ist so nicht möglich.

Die Flucht in Suchtmittel ist da oft nur einen kurzen Schritt entfernt, denn die Diskrepanz zwischen Realität und Scheinwelt ist schwer zu ertragen. In der Haft stellte sich mir diese Frage nicht, zumindest nicht die des Alkohols. Harte Drogen waren für mich nie eine Option. Aber ich bin davon überzeugt, dass es großer Willenskraft bedarf, angesichts der Hoffnungslosigkeit nicht in Alkohol oder Drogen Linderung zu suchen, wenn man vor dem Trümmerhaufen seines bisherigen Lebens steht und nicht weiß, wie man ihn bewältigen soll. Viele verzweifeln in diesem Stadium dann endgültig an sich und den Umständen. Ob ein Neustart aus dieser Lage gelingen kann, ist mehr als fraglich.

DEPRESSION

Als ich die Phase der Reaktanz durchlaufen hatte, spürte ich schließlich, wie das Ausblenden der Realität nachließ und sich stattdessen depressive Schübe einstellten. Erst nur schwach, dann immer heftiger. Ich hielt mir verzweifelt vor Augen, was ich alles verloren hatte, immer wieder, bewusst, aber auch unbewusst. Ich begriff, dass mein Leben zukünftig völlig anders aussehen würde, als ich es bisher gewohnt gewesen war. Ich spürte aber auch, dass ich auf Dinge und Gewohnheiten aus meinem früheren Leben nicht verzichten wollte. Und ich war fest davon überzeugt, dass ich es auch nicht können würde.

Ich entwickelte Mitleid mit mir selbst und fragte mich immer wieder, warum Gott nur so ungerecht sein konnte. Verzweifelt suchte ich nach einer positiven Perspektive – und fand nichts. Es bedarf ungeheurer Stärke, in dieser Lage nicht aufzugeben. Und wer vorher schon sein Heil in Alkohol und Drogen gesucht hat, gerät spätestens jetzt in eine Abhängigkeit. Ich bin dankbar, dass mir dies erspart blieb.

Die Phase der Depression kann sehr lange anhalten, und es ist nahezu unmöglich, aus diesem Teufelskreis herauszukommen, wenn man nicht den Weg zu sich selbst findet. In meinem Fall war diese Phase zwar heftig, aber vergleichsweise kurz. Ich bin meinen Eltern dankbar, deren Prägung und gute Gene mir im Hinblick auf Optimismus und Zuversicht eine große Hilfe waren, nicht völlig in der Depression zu versinken.

Die depressive Phase wird nicht selten noch einmal durch eine Phase der Auflehnung abgelöst. Auch ich versuchte an diesem Punkt noch einmal, das Rad mit allen Kräften zurückzudrehen und in alte Verhaltensweisen zurückzukehren. Befeuert wurde das durch den Umstand, dass ich die juristischen Begründungen meines Urteils nicht nachvollziehen konnte, übrigens bis heute nicht. Ich dachte darüber nach, mir Alliierte zu suchen und den Widerspruch vielleicht sogar in die Öffentlichkeit zu tragen. Mit allen Mitteln und unter dem Einsatz der letzten Kraft- und finanziellen Reserven sollte der Zustand, den ich nicht annehmen wollte, verändert werden. Und ich ließ auch meine Umwelt wissen, dass ich bald wieder der Alte sein würde, man werde schon sehen.

Auch empfand ich ungläubiges Erstaunen und dann Schmerz darüber, wie man mich im Gefängnis behandelte: ohne Respekt, ohne Sonderrechte. *Weiß man denn hier gar nicht, welche herausragenden Leistungen ich in der Vergangenheit erbracht habe?*, ging es mir immer wieder durch den Kopf. Man wusste es ganz offensichtlich wirklich nicht, weder die Beamten der JVA noch die Mithäftlinge. Und auch mir wurde an jedem Tag, an dem ich mir den Kopf darüber zerbrach, wer schuldig war an meinem Dilemma, immer unklarer, was meine besonderen Leistungen der Vergangenheit eigentlich wirklich gewesen waren.

Die Erkenntnis, dass Lebenslügen in existenziellen Situationen keinen Bestand haben, ist eine bittere. Lebenslügen machen allenfalls eines möglich: Man kann es sich in einer Komfortzone bequem machen und nach dem Prinzip leben „weiter so wie bisher". Aber in einer Gefängniszelle gibt es keine Komfortzonen. Und bequem ist da auch nichts. Was mir auf den wenigen Quadratmetern blieb? Nichts. Außer meinen Gedanken. Und die wurden des Drehens im Kreise müde. Der Gedanke, dass es einen anderen Grund dafür geben musste, dass ich mich an diesem Ort befand, schälte sich langsam aus dem versiegenden Strudel der Schuldzuweisungen.

ZUSAMMENBRUCH UND EINSICHT

Parallel dazu begann noch etwas anderes: Ich verspürte bereits in den ersten Tagen meiner Inhaftierung den Drang danach, in der Bibel zu lesen. Zwar war ich katholischer Christ, hatte mich aber mein Leben lang nie sonderlich intensiv mit dem Alten oder Neuen Testament befasst. In der Gefängniszelle entwickelte sich nun das Bedürfnis danach mit zunehmender Wucht. Also beantragte ich eine Bibel, die ich auch bald erhielt, und begann mit dem Studium. Jeden Morgen las ich ab spätestens 5:30 Uhr in der Bibel, was mir zunehmend innere Kraft und Ruhe schenkte.

Die Gedanken drehten sich noch immer im Kreis, aber ich begann langsam zu erkennen, dass ich wohl doch nicht so ganz unschuldig an alldem war. Und ich erkannte nach und nach, dass ich das, was ich ändern will, nicht ändern kann. Und dann kam schließlich der Zusammenbruch aller Abwehrmechanismen und Verdrängungsprozesse.

Der Zusammenbruch kann unterschiedliche Ausdrucksformen haben. Es kann im schlechtesten Fall ein vollständiger und oft auch unumkehrbarer sein, weil in den Phasen zuvor über einen längeren Zeitraum Alkohol und/oder Drogen konsumiert wurden. Im besten Fall ist es ein rationaler Zusammenbruch des eigenen Lebenslügengerüstes: Ich bestätige mir endlich selbst, dass ich gescheitert bin.

Bei mir ebbte die Auflehnung ab – und machte der Scham Platz. Scham vor meiner Familie vor allem. Fast 40 Jahre lang hatte ich sie vor allem Bösen beschützt, hatte allen Mitgliedern ein sorgenfreies Leben ermöglicht. Dazu war ich jetzt nicht mehr in der Lage und war sogar selbst schuld daran, dass sie nun Schlimmes erleiden mussten. Eine fürchterlich schmerzhafte Erkenntnis: Der Boden unter mir schien sich aufzutun und mich verschlucken zu wollen.

Das Gerüst, das mich mein Leben lang und auch in dieser Ausnahmesituation bisher getragen hatte, war aufgeweicht, und ein neuer Halt war – noch – nicht in Sicht. Vielleicht war es die Leere, die man in dieser Phase durchlebt, die auch die inneren Abwehrmechanismen schließlich entkräftete. In den stillen Momenten in meiner Zelle, wenn die Zeit nicht zu vergehen schien, begann ich, mir selbst gegenüber erste Fehler einzuräumen. Ich erkannte, dass ich viele Menschen enttäuscht und verletzt hatte, allen voran meine Frau, die es niemals verdient hatte.

Der Wunsch nach einer Beichte, der ersten seit vielen, zu vielen Jahren, entwickelte sich mit großer Wucht in mir. Welche Kräfte auch immer es mir dort im Gefängnis möglich gemacht hatten, aber ich konnte vor einem katholischen Gefängnispfarrer und vor Gott meine Sünden und meine Fehler der vergangenen Jahrzehnte eingestehen. Die befreiende Wirkung dieses Geständnisses und der Gewissheit, dass mir vergeben war, war enorm.

Und doch bäumte sich in mir noch einmal alles auf, wieder versuchte ich mich selbst zu entlasten, suchte ich Begründungen, warum ich nur so und nicht anders hatte handeln können. Wie ein Alkoholabhängiger, der sich selbst und auch seinem Umfeld gegenüber seine Sucht nicht eingestehen kann, klammerte ich mich krampfhaft an abenteuerliche Erklärungen, warum das, was ich durchlebte, ungerecht, unfair und menschenverachtend sei.

„Okay, an diesem und jenem trage ich selbst die Schuld, aber ganz grundsätzlich und wenn ich meinen Fall mit anderen vergleiche …" So ähnlich rebellierte die Stimme in meinem Kopf und wollte nicht verstummen, während ich in meiner Zelle auf die Wand starrte, die nur wenige Zentimeter von dem kleinen Tisch entfernt war, an dem ich saß und häufig meine Arme aufstützte, um meinen Kopf zu halten, der so schwer schien. Mit einer ganzen Armee von *Firewalls* sperrte er sich gegen die unangenehmen Erkenntnisse.

Ganz gleichgültig, wie heftig die Phase des Zusammenbruchs verläuft, sie ist die Voraussetzung für den Eintritt in die Phase der Einsicht. Erst wenn ich mir selbst und auch Dritten gegenüber eingestehe, dass ich den Kampf, den ich führe, niemals werde gewinnen können, weil es mein Ego ist, das ich bekämpfe, bin ich bereit für die letzte Phase der Einsicht.

Diese letzte Phase nahm bei mir einen langen Zeitraum in Anspruch, auch wenn sie in ihrer Intensität glücklicherweise nicht das Höchstmaß aufbot. Und auch zu diesem Zeitpunkt versuchte ich noch immer wieder fast reflexhaft, mich gegen unangenehme

Erkenntnisse zu wehren. Doch mit dem Eintritt in die Phase der Einsicht wird der Verarbeitungsprozess endlich zukunftsgerichtet.

ZWISCHENLAND

Knapp 6 Monate dauerte der Teufelskreis in meiner Zelle, bis eine unheilbare Autoimmunerkrankung diagnostiziert wurde, die ich mir im Gefängnis zugezogen hatte; wiederum etwas später wurde mein Revisionsantrag gegen das Urteil des Landgerichts Essen abgelehnt; und schließlich stellten die Ärzte fest, dass die Autoimmunerkrankung mein Herz und meine Aorta angegriffen hatte, was kurzfristig eine schwere Herz-Operation notwendig machte.

Ich besuchte danach monatelang einen Psychologen, der mir helfen sollte, einen Weg in die Zukunft zu finden. Ich redete, suchte, las, aber meine Gedanken kreisten zunächst weiter ohne große Fortschritte um sich selbst. Noch immer war der Tenor: „Ja, ich habe den einen oder anderen Fehler gemacht, aber was hat man mir eigentlich angetan? Ist der Öffentlichkeit klar, wie ungerecht all das mir gegenüber ist?"

Als mein Revisionsantrag gegen das Urteil abgelehnt wurde, stand unumstößlich fest: Ich musste meine restliche Haftstrafe antreten. Ich war ein verurteilter Straftäter. Das würde für Jahrzehnte so in meinem polizeilichen Führungsregister vermerkt sein, nicht nur in Deutschland, sondern weltweit. Ich war ein Verbrecher. In die von mir so geliebten USA würde ich aller Voraussicht nach jetzt nicht mehr oder nur mit ganz erheblichen Problemen einreisen können.

Mir waren meine Fehler bewusst geworden, aber ich lehnte es noch ab, darüber zu reden oder sie gar öffentlich einzugestehen.

Ich hatte erkannt, dass ich mein altes Leben, meine alte Rolle verloren hatte. Welches die neue sein sollte, wofür es sich in Zukunft lohnen würde, sich einzusetzen, vermochte ich noch nicht zu erkennen. Also klammerte ich mich noch verzweifelt an den Bruchstücken meines alten Lebens fest. Ich suchte nach einem Algorithmus, der den Verantwortlichen für mein Scheitern identifizierte und das Puzzle meines Lebensmodells wieder in gewohnter Form zusammensetzte.

DIE RETTUNG: EINE BEHINDERTENWERKSTATT UND IHRE MENSCHEN

In dieser Verfassung trat ich meine Tätigkeit in der Behindertenwerkstatt Bethel an. Diese Tätigkeit hatte ich zwar bewusst gewählt, aber ich hatte keine Ahnung, was sie mit mir machen würde und welche Schlüsselrolle sie spielen würde.

Nachdem das Urteil rechtskräftig geworden war, musste ich mich auf die restliche Haftstrafe vorbereiten, die ich als erstverurteilter Häftling als Freigänger verbüßen konnte. Als solcher geht man einer geordneten Vollzeitbeschäftigung nach. Ich hätte in der Justizvollzugsanstalt die Wege kehren können, aber ich wollte eine sinnstiftende Tätigkeit ausüben. In fünfeinhalb Monaten in der engen Zelle während der Untersuchungshaft hatte ich genug Zeit gehabt, darüber nachzudenken, was ich versäumt hatte; jetzt wollte ich etwas von dem nachholen und dort helfen, wo es dringend nötig war.

Ich entschied mich für die Behindertenwerkstatt Bethel der Bodelschwinghschen Werke in Bielefeld. Die Tätigkeit in Bethel hatte ich auch deshalb gewählt, weil ich persönlich etwas wiedergutmachen zu müssen glaubte. Die jüngere Schwester meiner Frau ist behindert, lebte viele Jahre mit uns in der Familie und hat noch heute tagsüber eine Aufgabe in Bethel. Ich hatte mir in der Vergangenheit zu wenig Zeit für Charlotte genommen, was ich sehr bereue. Pastor Pohl, Vorstandsvorsitzender der Stiftung, gab meiner Bewerbung in Bethel eine Chance und stellte mich als Hilfskraft in der Behindertenwerkstatt ein.

Was zunächst wie eine normale Beschäftigung eines Freigängers in einem sozialen Tätigkeitsbereich aussah, schenkte mir die zentrale Erkenntnis meines Lebens und führte mich zurück zu mir selbst. In Bethel wurden mir die Augen geöffnet. Was ich dort erfuhr, veränderte meine Sicht auf das Leben und auf die Prioritäten meines bisherigen Lebensentwurfes, und es lieferte Antworten auf die Fragen nach der Bedeutung und Ausgestaltung zwischenmenschlicher Beziehungen.

Ich begegnete dort Menschen, die wirklich benachteiligt sind, aber voller Dankbarkeit und mit Freude über die kleinsten Dinge und Zuwendungen leben und oft mit einem tiefen Gottvertrauen ihr Leben mithilfe ihrer Betreuer gestalten.

Ich erkannte, wie gut es mir vergleichsweise ging, welches Glück ich hatte, dass mir Gott fünf gesunde Kinder geschenkt hat, und wie belanglos die Sorgen und Kümmernisse doch waren, um die meine Gedanken seit meiner Inhaftierung unentwegt gekreist waren. Als ich die behinderten Menschen betrachtete, für die ich arbeitete, begriff ich, dass ich ein selbstverliebter Jammerlappen war. Ich erkannte auch, welch besondere Leistungen die Sozialarbeiter erbrachten, die hier ihren Dienst leisteten, indem sie nicht sich selbst, sondern die ihnen anvertrauten benachteiligten Menschen zum Mittelpunkt ihrer Tätigkeit machten. Mir selbst war es immer nur um mich und meine öffentliche Wahrnehmung gegangen.

Ganz besonders beeindruckt war ich von einer Kollegin, die mir mit ungeheurer Sensibilität und Offenheit gegenübertrat. Ihr schien es völlig gleichgültig zu sein, ob ich früher ein Konzernherr gewesen war, es interessierte sie auch nicht, weswegen ich meine Haftstrafe hatte antreten müssen. Sie spürte, dass ich mich verloren hatte und Hilfe brauchte.

Sie und ihr Mann halfen mir, ob bewusst oder nicht, meine Gedanken zu ordnen und mich frei zu machen von der öffentlichen Meinung. Mein Gehirn akzeptierte endlich, wogegen es sich jahrelang gewehrt hatte. Ich erkannte neue Möglichkeiten, die ich früher nicht hatte sehen wollen. Wenn es wirklich so etwas wie Engel gibt, dann hatte mir Gott zu diesem Zeitpunkt diese Frau in mein Leben geschickt. Ein anderer Engel trug mich zu diesem Zeitpunkt bereits, ohne dass dies mir damals aber so bewusst war.

SELBSTERKENNTNIS

Ich begriff in diesen ersten Tagen und Wochen meiner Tätigkeit in Bethel, dass es tatsächlich nur einen einzigen Schuldigen für meinen Absturz gab, nämlich mich selbst: Thomas Middelhoff.

Mir war in dieser Phase noch nicht bewusst, was ich falsch gemacht hatte, das erarbeitete ich mir in einem folgenden Prozess. Aber ich konnte endlich meine Schuld für mein Versagen annehmen. Später erkannte ich in Bethel, dass ich glücklich sein konnte: Abseits von kostspieligen Anschaffungen verspürte ich tief empfundenes Glück, wenn ich Dank von den Personen erhielt, die ich betreute.

Erst zögerlich und dann immer stärker begann ich zu bemerken, dass ich mich innerlich sehr stark und auch sehr gut fühlte, wenn ich mir mein Scheitern eingestand und es ertrug, mir selbst die Schuld zu geben. Je stärker dieses Gefühl in mir reifte, umso beschwingter wurde ich.

Dennoch stieg noch immer hin und wieder etwas in mir auf, das diese Entwicklung torpedierte, die alten Verhaltensmuster schienen sich in mein neues Leben krallen zu wollen, und ich musste achtgeben, dass ich sie früh erkannte und abschüttelte. Auch kamen gelegentlich Gedanken zurück, die mich in Versuchung führen wollten, doch zu glauben, dass ich überhaupt keine Schuld trug an diesem totalen Absturz.

Wenn ich heute auf all das zurückblicke, war es ein ungeheuer quälender, endlos scheinender Prozess, bis alle *Firewalls* in meinem Kopf ein für alle mal aufgelöst waren.

Die Aufarbeitung eines Scheiterns ist mühsam. Aber jeder, der in eine solche Lage gerät, warum auch immer, muss sich dem stellen, wenn er einen Neuanfang anstrebt. Der alte Spruch „Selbsterkenntnis ist der erste Weg zur Besserung" ist nach wie vor sehr wahr. Das setzt die Fähigkeit und die Offenheit zu einer selbstkritischen Analyse voraus. Die Zukunft kann nur dann neu gestaltet werden, wenn man alte Lebensmodelle, die sich als falsch oder, schlimmer noch, als Lebenslüge herausgestellt haben, konsequent hinter sich lässt und wenn man neue Ziele definiert. Und es hilft ungemein, wenn Menschen in das eigene Leben treten, die Hoffnung ausstrahlen und eine große Sensibilität besitzen.

Die unabdingbare Voraussetzung für einen Neuanfang ist es aber, dass man endlich den Ausflüchten abschwört, dass man die Schuld nicht mehr von sich weist, sondern den Mut entwickelt, ehrlich mit sich selbst zu sein. Ich musste aussprechen, was mein Gehirn so lange nicht wahrhaben wollte: „Ich, Thomas, ich allein bin schuld an meinem Scheitern!"

4. WAS BEDEUTET SCHEITERN?

Von „Scheitern" wird in der Regel dann gesprochen, wenn ein oder mehrere Ereignisse, Entscheidungen oder Verhaltensweisen dazu führen, dass ein Ziel, dem wir oder Dritte eine besondere Bedeutung zuordnen, nicht erreicht wird. Oder wenn ein Berufs- und Lebenskonzept durch Umstände, die man selbst zu verantworten hat, aufgegeben werden muss.

In Deutschland ist der Begriff „Scheitern" zumeist negativ besetzt und wird häufig in einem apodiktischen Verständnis benutzt: „Einmal gescheitert, für immer gescheitert und sozial geächtet."

Begrifflich unterscheidet sich „Scheitern" von „Misserfolg" oder „Niederlage". Der Begriff „Scheitern" umfasst etwas Grundsätzlicheres und Endgültigeres als etwa eine Niederlage. Eine Folge von Niederlagen kann zu einem Scheitern führen. Das macht die Redewendung deutlich: „Ich habe eine Schlacht verloren, aber nicht den Krieg."

Eine differenzierte Auseinandersetzung mit dem Begriff des Scheiterns führt allerdings zu einigen grundsätzlichen Fragestellungen: Wann kann man überhaupt davon sprechen, dass eine Person gescheitert ist? Gibt es verschiedene Ausprägungen des Scheiterns und lässt es sich etwa an einer Skala messen? Gilt diese Skala sowohl für die Eigenbetrachtung wie auch für die Evaluierung durch Dritte?

Zunächst einmal stellt man fest, dass es verschiedene Ebenen des Scheiterns gibt. Natürlich ist es ein Unterschied, ob ich daran scheitere, eine Mathematikarbeit zu bestehen oder das Abitur, ob ich im Beruf scheitere oder in meiner Ehe; ob ich unternehmerisch scheitere oder in meinem gesamten Lebensentwurf. Und es ist sicher auch nicht ohne Bedeutung, ob ein Mensch in jungen Jahren scheitert oder in einer späten Lebensphase, wie es bei mir geschehen ist.

In manchen Fällen wird man eher von einem Misserfolg statt von einem Scheitern sprechen. Scheitert ein Investor beispielsweise wirtschaftlich im Alter von 35 Jahren durch eine Fehlspekulation und nachfolgender Insolvenz, bleibt ihm noch ausreichend Zeit, um das verlorene Vermögen in einem erneuten Anlauf wieder zu erwirtschaften. In diesem Fall kann der Begriff des Scheiterns also nur ein Zwischenfazit eines Lebensabschnittes sein.

Ein prominentes Beispiel ist der 45. Präsident der Vereinigten Staaten von Amerika. Donald Trump hatte bereits in jungen Jahren mit seinen Casinos verschiedene „Chapter 11"-Verfahren durchlaufen müssen, die dem deutschen Insolvenzverfahren ähnlich sind. Trotz dieser frühen Erfahrung des Scheiterns wurde er wieder zu einem bedeutenden Investor im Immobilienbereich – und später Präsident der USA.

Tritt ein Vermögensverlust mit anschließender Insolvenz so wie bei mir in höherem Alter ein, so sinkt die Wahrscheinlichkeit exponentiell, dass das verlorene Vermögen wieder erarbeitet werden kann. In diesem Fall kann man also von einer gescheiterten Lebensbilanz in wirtschaftlicher Hinsicht sprechen.

Ein Scheitern kann sich auf einen klar definierten Bereich begrenzen, ohne andere zu tangieren, oder auf einen gesamten Lebensentwurf. So ist es zum Beispiel möglich, dass man zwar auf wirtschaftlicher Ebene äußerst erfolgreich ist, im privaten Leben, etwa in der Ehe, aber scheitert.

Eine Skala, die den Grad eines Scheiterns ermessen kann, gibt es nicht. Das Ausmaß des Scheiterns wird individuell durch die persönlichen Konsequenzen bestimmt, die eine Person oder eine Organisation erfährt. Dritte können diese weder beurteilen noch festlegen.

Die Konsequenzen werden allerdings maßgeblich durch das gesellschaftliche Umfeld und dessen Umgang mit dem Gescheiterten beeinflusst. Zumeist ist dieser Einfluss nicht besonders hilfreich. Denn oft wird von Dritten ein Scheitern nicht nur auf eine Aufgabe oder ein Ziel bezogen, sondern undifferenziert verallgemeinert. Da soll dann gleich ein ganzes Leben gescheitert sein, obwohl es eigentlich nur einen begrenzten Bereich betrifft. Wie wenig aussagekräftig dies aus der Perspektive Dritter ist, wusste schon Herbert von Karajan: „Wer alle seine Ziele erreicht, hat sie wahrscheinlich zu niedrig gewählt."

Handelt es sich um Personen des öffentlichen Interesses, sind die Wahrnehmung und die damit einhergehende Bewertung zumeist kaum differenziert und auch allzu oft nicht wohlwollend. Das weiß gerade ich nur zu gut, denn über mein Scheitern und die Gründe dafür wurde hierzulande öffentlich wohl so ausführlich geurteilt wie über wenige andere.

Dabei muss man sich die grundsätzliche Frage stellen, wer über das Scheitern einer Person entscheiden darf. Denn dieses kann nur im Hinblick auf das Erreichen selbst gesetzter Ziele festgestellt werden. Auf diesen Zusammenhang hat unter anderem auch Nono Haratischwili hingewiesen:[1] „Doch wer entscheidet, was Erfolg bedeutet und was Scheitern? Meine Kriterien sind oftmals

---

1   SPIEGEL WISSEN, 2015, S. 12

ganz andere als die anderer Menschen. Die Wünsche sind verschiedenfarbig, haben verschiedene Gerüche und Dringlichkeiten. Genauso die Ängste."

Der angesehene ehemalige Politiker Claus von Dohnanyi formulierte diesen Sachverhalt sehr klug: „Entscheidend ist ohnehin, sich nur am selbst gesteckten Ziel zu messen. Denn immer ist einer schneller, immer ist einer besser, immer ist einer klüger. Deshalb ist das Bedürfnis, überall zu triumphieren, sinnlos."[2]

Die Richtigkeit von Bewertungen der Öffentlichkeit und der Medien über das Ausmaß eines Scheiterns ist also in der Regel fraglich, weil ihre Kriterien und Maßstäbe nicht den originären und persönlichen entsprechen.

SCHEITERN ... UND DANN?

Bis heute gibt es unzählige Beispiele, in denen Personen in einer bestimmten Phase ihres Lebens scheiterten, sich dann aber wieder aufraffen und erfolgreich neu starten und weiterentwickeln konnten. Ein gutes Beispiel ist Lars Hinrichs, der mit seinem Unternehmen Böttcher Hinrichs AG im Jahr 2000 Insolvenz anmelden musste. Zwei Jahre später gelang ihm mit *Xing* die Neugründung und erfolgreiche Entwicklung eines Startups, das er später für einen hohen Millionenbetrag an Burda verkaufte.

Ein weiteres eindrucksvolles Beispiel für einen Neuanfang in einer Spitzenposition ist Håkan Samuelsson. Er wurde als Chef bei Scania gefeuert und wenig später CEO bei Volvo, das er glänzend entwickelte. Hier zählte Leistung. Die hämische Redewendung „They'll never come back" erwies sich als unrichtig. Auch

---

2   SPIEGEL WISSEN, 2015, S. 14

Steve Jobs, der einige Jahre nach seinem Rausschmiss bei Apple den Konzern vor dem Abgrund rettete und zum wertvollsten börsennotierten Unternehmen entwickelte, steht für die Antithese zu dieser Behauptung.

Das Prinzip des „Verbranntseins", das in der Regel für Top-Positionen im Wirtschaftsleben gilt, scheint im Profi-Fußball ausgesetzt zu sein. Wenn ein Fußballtrainer wegen anhaltender Erfolglosigkeit seiner Mannschaft den Verein verlassen muss, findet sich garantiert ein anderer, der dem Geschassten übergangslos auf einem anderen Rasen ein Betätigungsfeld bietet.

In der Politik verlaufen diese Dinge nach besonderem Muster. Auch hier gibt es genügend Fälle, die man getrost als tatsächliches persönliches oder inhaltliches Scheitern bezeichnen kann. Der Neustart erfolgt hier auffällig häufig schnell und nicht selten mit einem Vertrauensvorschuss, der sich weniger mit Kompetenz und Leistung als vielmehr mit Netzwerk und Lobby erklären lässt. Ein ehemaliger Spitzenpolitiker hat dies mit dem Satz umschrieben: „Manchmal sind Wahlniederlagen in Wahrheit Siege."

Frank-Walter Steinmeier, der bei der Bundestagswahl 2009 krachend scheiterte, bekleidet seit 2017 das höchste Amt im deutschen Staat. Und Heiko Maas, der ebenfalls 2009 als Spitzenkandidat der SPD im saarländischen Landtagswahlkampf mit 24,5 % das bis dahin schlechteste Ergebnis der SPD zu verantworten hatte und 2012 der CDU-Politikerin Annegret Kramp-Karrenbauer unterlag, wurde 2013 Bundesjustizminister und hat seit 2018 das Amt des Außenministers inne. Welche besondere Sachkompetenz Peter Altmaier in das Amt des Wirtschaftsministers geführt hat, darüber wird in diesen Tagen ausführlich gerätselt.

Auch unter Spitzensportlern oder vielleicht gerade dort gibt es spektakuläre Comebacks. Der Schwergewichtsboxer George

Foreman beispielsweise wurde nach mehreren schweren Niederlagen im Alter von über 40 Jahren neuer Champion im Schwergewicht. Und erst im April 2019 machte Golf-Legende Tiger Woods Schlagzeilen mit seinem spektakulären Masters-Sieg nach Jahren voller Skandale und Rückschläge.

Mir war über viele Jahre ein Ritual eine Stütze bei der Beurteilung meines Tuns, das für mich so etwas wie eine persönliche Zwischenbilanz darstellte: An jedem Silvesternachmittag zog ich für das zurückliegende Jahr Bilanz. Ich überprüfte, ob ich die Ziele erreicht hatte, die ich mir 365 Tage zuvor für das neue Jahr gesetzt hatte. Und ich formulierte meine Ziele für das Jahr, das vor mir lag. Sie waren in „private" und „berufliche" unterteilt.

Häufig habe ich zwar die beruflichen, nicht aber meine privaten Ziele erreichen können. Ausreichende Ursachenanalyse habe ich leider nicht betrieben.

Viel wichtiger als der verurteilende Blick zurück ist allerdings jener in die Zukunft: Es gilt, die Ursachen des Scheiterns zu finden und sie sachlich, offen und schonungslos zu analysieren, um daraus zu lernen. Dieser Blick nach vorn kann anderen als Fallstudie dienen und ihnen helfen, ähnliche Fehler zu vermeiden. Denn oft handelt es sich auch um bestimmte, verbreitete Fehlermuster oder spezifische Fehlerquellen.

Aus Fehlern kann und sollte man lernen, denn wenn ein Ziel in der Vergangenheit nicht erreicht wurde, muss dies nicht bedeuten, dass dies auch in der Zukunft der Fall sein wird. Unter rein statistischen Gesichtspunkten steigt nämlich nach einem Scheitern sogar die Wahrscheinlichkeit, dass ein nachfolgendes Ziel eher erreicht wird.

Winston Churchill sagte: „Erfolg ist nichts Endgültiges, Misserfolg nichts Fatales: Was zählt, ist der Mut weiterzumachen." Er formulierte es auch noch anders: „Erfolg ist die Fähigkeit, von

Misserfolg zu Misserfolg zu schreiten, ohne die Begeisterung zu verlieren."

MUT ZUM SCHEITERN

In der Wissenschaft wird heute zunehmend die Ansicht vertreten, dass Scheitern in einem „Trial-and-Error-Verständnis" sogar eine Voraussetzung für Erfolg ist. Das lässt sich gut am Beispiel eines Filmstudios oder noch besser eines Musiklabels nachvollziehen: Je mehr Musiktitel oder Filme produziert werden, umso größer ist die Wahrscheinlichkeit, dass ein Hit darunter ist, auch wenn einzelne Produktionen kein Erfolg waren.

Umso drängender frage ich mich, warum man sich hierzulande offensichtlich so schwer damit tut, sich selbst ein Scheitern einzugestehen, sich öffentlich dazu zu bekennen und über die Ursachen nachzudenken und zu sprechen. Warum ist die Scham so groß?

Die Reaktionen können vielfältig sein. Sie reichen von Mitleid bis zu Schadenfreude, von Anteilnahme bis zu freudiger Genugtuung, zumeist dann, wenn eine prominente Persönlichkeit betroffen ist.

In meinem Fall sah sich zwischen 2009 und 2019 nur eine Person zu einem Anteil nehmenden öffentlichen Statement in der Lage, ein langjähriger Freund, der die Courage dazu hatte, nach meiner Verhaftung das Urteil und das Vorgehen zu kritisieren.

Negative Reaktionen auf ein Scheitern bis hin zur öffentlichen Schadenfreude sind in der Regel besonders ausgeprägt, wenn der oder die Betroffene zuvor ambitionierte Ziele medienwirksam verkündet und dann nicht erreicht hat. Ist es eine Person des öffentlichen Interesses, dann kommt häufig auch noch Häme hinzu. Dies betrifft in besonderer Weise die sogenannten „Eliten" unserer Gesellschaft wie Spitzenpolitiker, Wirtschaftsführer oder Topsportler. Scheitern sie, gleicht die Reaktion, die sie erfahren, nicht selten einem Pranger, nur dass dieser heute ein virtueller ist. Und dazu einer, der nicht nur zeitlebens präsent bleibt, sondern selbst über den Tod hinaus. Die digitale Welt, so segensreich sie ist, vergisst nichts. Selbst ein Ableben kann den Makel eines Scheiterns nicht löschen. Er bleibt für die Nachwelt erhalten. Ist es da verwunderlich, wenn kaum ein Betroffener bereit ist, ein Scheitern öffentlich einzugestehen?

Auch die Prägungen, die wir als Kinder im Elternhaus erfahren, beeinflussen unseren Umgang mit dem Scheitern. Für Misserfolge und Versagen, so wurde ich erzogen, muss man sich schämen. Wirtschaftliches Scheitern, so die tradierte Sichtweise in meinem Elternhaus, war unverzeihlich, ein Leben in Würde und Anstand danach kaum vorstellbar. Man kann „so etwas" seinen Eltern und Geschwistern nicht zumuten, das war die über Jahrzehnte gültige Sichtweise, mit der ich groß wurde. Das mag Ehrgeiz fördern. Aber es schürt auch die Tabuisierung.

Erst in der Gegenwart entwickelt sich in der jüngeren Generation ein zunehmend offener und selbstkritischer Umgang mit dem Thema Scheitern, dessen Ursachen und Lehren. Im Sommer 2018 nahm ich in Berlin an einer *Summer Academy* teil. Im Rahmen dieser Veranstaltung kamen junge Talente zusammen und wurden während des dreitägigen Programms von Mentoren betreut.

Das Thema der Veranstaltung, zu der ich als Redner und Mentor eingeladen war, lautete „Failure". Und die Mentoren sollten in konkreten Beispielen eigene Fehler und Fehlentscheidungen ebenso darstellen wie die Ursachen dafür. Die Stipendiaten sollten aus diesen Fehlern und deren Analysen für ihr eigenes Berufsleben lernen können.

Die Erwartung wurde allerdings auf ganzer Linie enttäuscht. Keiner der Mentoren, darunter auch ehemalige Vorstände von DAX-Unternehmen, sah sich in der Lage, persönliche oder Management-Fehler vor den Studenten einzugestehen. Ein Vortrag blieb mir besonders in Erinnerung:

Die Führungskraft eines Chemie-Konzerns betrieb die akrobatische Dialektik, einen Fehler nicht nur nicht einzugestehen, sondern ihn sogar ins erfolgreiche Gegenteil zu verkehren.

In seinem Vortrag schilderte er zunächst die desaströse Ausgangslage einer Konzerntochter in den USA, deren Chef er damals war. Nach einer ausführlichen Beschreibung der herausfordernden Ausgangslage und der dramatischen Konsequenzen für die Mitarbeiter und das Image des Konzerns in den USA teilte er den verblüfften Studenten mit, dass er das Unternehmen quasi gerettet hätte. Er habe in der damaligen Situation richtig reagiert und entschieden, und es hätte ein noch viel größeres Desaster gegeben, wäre nicht er als richtiger Mann am richtigen Ort gewesen. Die jungen Talente staunten nicht schlecht, wie sich der anfängliche Fehler im Lauf des Vortrags verändert hatte.

Ein ähnliches Phänomen erlebte ich bei einer Veranstaltung in Frankfurt. Am Abend des 13. November 2018 stand ich vor der ersten Reihe im größten Hörsaal der Johann Wolfgang Goethe-Universität und beobachtete, wie sich das Audimax zusehends füllte. Knapp 1.300 Zuhörer, überwiegend Studenten, junge Startup-Unternehmer, auch ein paar Investmentbanker, etliche Freiberufler und Journalisten suchten in dem ausverkauften Hörsaal nach Sitzplätzen.

Ich sollte im Rahmen einer ganz besonderen Veranstaltung über mein Leben und vor allem über mein Scheitern sprechen: Es war eine Veranstaltung aus der Reihe der „Fuck-Up-Nights", die seit einiger Zeit auch bei uns äußerst populär sind. Dort berichten

Gastredner von ihrem Scheitern und sprechen offen über ihre Fehler, damit die Zuhörer aus ihnen lernen und eigene Fehler vermeiden können. Oder auch positive Beispiele vor Augen geführt bekommen, die ihnen helfen, ein eigenes Scheitern zu verarbeiten und neuen Optimismus zu schöpfen. Dieses Format scheint mir ein sehr nützliches, und auch mir ist es ein Anliegen, jüngeren Generationen Erfahrungen mit auf ihren Lebensweg zu geben, damit sie nicht Gefahr laufen zu wiederholen, was ich falsch gemacht habe.

VOM TABU ZUR LERNCHANCE

Die Atmosphäre im Audimax kurz vor dem Beginn war entspannt und changierte zwischen Vorlesung und Kinovorführung. Das Bier wurde aus Flaschen getrunken und ein letzter Bissen von Gyros oder Bratwurst damit heruntergespült. Obwohl es im Vorfeld kritische Fragen gab, „warum man einem wie mir eine solche Bühne bauen würde", war die Atmosphäre positiv. Die Kritiker waren wohl ferngeblieben, dabei hätte ich mich ihren Fragen gern gestellt. Aber anonym übt Kritik sich wohl einfacher.

Die knapp einstündige Diskussion war offen und konstruktiv, kritische Fragen wurden nicht ausgespart und auch beantwortet. Sie kamen aus dem Hörsaal und über Twitter, die Veranstaltung wurde per Livestream übertragen. Noch im Hörsaal sprachen mich Zuhörer an – und waren dankbar. Es sei die Offenheit, die sie zu schätzen wüssten, aus der sie lernen könnten, weil sie wie sonst nur selten ungeschönt sei und echten Einblick ermögliche in die Fallstricke eines Berufslebens. Meine Erfahrungen auf diese Weise weiterzugeben kann so vielleicht manchem auf seinem eigenen Weg helfen. Ich würde es mir wünschen.

Der Bedarf ist jedenfalls da. Der Harvard-Ökonom Shikhar Ghosh schätzt, dass bis zu 80 % aller jungen Internetfirmen ihr gestecktes Ziel nicht erreichen. Den Protagonisten muss man Mut machen. Ein Venture Capitalist, der auch an einer Business School im *Silicon Valley* lehrt, erinnerte daran, dass keiner der jungen Startup-Unternehmer antrete, um zu scheitern. Es sei wichtig, dass diese mutigen jungen Menschen aus den Erfahrungen jener lernen könnten, die Höhen, aber auch Tiefen erlebt haben. Es gäbe zwar Personen, die bereit seien, darüber zu sprechen, aber nur auf Basis der absoluten Vertraulichkeit im geschlossenen Rahmen eines Seminars. Öffentlich dürfe ihr Scheitern nicht thematisiert werden.

Wäre ich heute in einer Führungsposition tätig, würde ich konzerninterne „Fuck-up-Nights" abhalten. Die Führungskräfte wären aufgefordert, Beispiele von Misserfolgen oder Scheitern und dessen Ursachen zu präsentieren. Aus Erfahrungen wie einer misslungenen Markeneinführung, einer fehlgeschlagenen Investition oder einer gescheiterten Neugründung lassen sich ungleich mehr wertvolle Lehren ziehen als aus all den vermeintlichen Erfolgsstorys, die nicht selten gehörig „getunt" sind.

Da liegt es nahe, dass die Idee der „Fuck-Up-Nights" auch hierzulande auf fruchtbaren Boden fiel. Sie entstand in Mexiko und wurde schnell in den angelsächsischen Ländern aufgegriffen. „Scheitern" begreift man dort in einem anderen, weniger negativ gefärbten Sinne als bei uns. Es wird weitgehend wertfrei als ein Fehlversuch gesehen, ein bestimmtes Ziel zu erreichen, oft verbunden mit der Bereitschaft, (unternehmerische) Risiken einzugehen.

Diese Bereitschaft wird beispielsweise nicht etwa als verantwortungslos eingestuft, sondern als positive Eigenschaft gesehen. Durch mutige Schritte kann eben auch Neues entstehen. Geht das Risiko auf und führt zum Erfolg, erfährt die handelnde Person keinen sozialen Neid. Im Gegenteil: Erfolg wird als der verdiente Lohn der Bereitschaft zum (unternehmerischen) Risiko verstanden. Bei einem „Scheitern" lautet die pragmatische Devise: aufstehen, neuer Anlauf.

Bei uns fällt die Sichtweise unterschiedlich aus, abhängig von der Altersstruktur oder dem beruflichen Hintergrund. Während jüngere Altersgruppen Scheitern wertfrei als eine zum Teil sogar sinnvolle Erfahrung im Rahmen der Persönlichkeitsentwicklung einordnen, bewerten ältere Menschen die Bereitschaft zum Risiko eines möglichen Scheiterns häufiger als negativ. Scheitert dann jemand mit einem Vorhaben tatsächlich, erfährt er im schlechtesten Fall soziale Ächtung und gegebenenfalls sogar Verfolgung durch die Staatsanwaltschaft, wenn es unternehmerische Belange betrifft.

Das hat in der Regel große Scham bei dem Betroffenen zur Folge und verhindert eine Auseinandersetzung mit den Ursachen des Misserfolges – und damit die Chance, daraus wertvolle Lehren für die Zukunft zu ziehen.

Umgekehrt zieht Erfolg nicht immer Bewunderung und Lob nach sich, sondern in einer Leistungsgesellschaft wie der unseren allzu häufig auch Missgunst. Was einem selbst nicht gelingt, was man nicht erreichen kann, das sollte bitteschön auch kein anderer schaffen. Das gilt für private Errungenschaften und sozialen Status ebenso wie für unternehmerische Erfolge. Teure Wagen erzeugen zumeist mehr Neid als Bewunderung, von einer Jacht ganz zu schweigen.

Besonders Internet-Startups, deren Geschäftsideen nicht auf sichtbaren Gütern, sondern auf virtuellen Konzepten gründen, erfahren oft Skepsis und Missgunst, wenn sie hohe Renditen erwirtschaften. Mit Neuem, das die gewohnte Ordnung ignoriert, tut man sich hierzulande bisweilen noch immer schwer. Da wird dann die Sozial-Keule geschwungen und ein hoher Gewinn als „nicht sozial darstellbar" diskreditiert.

Die Bilanz fällt für den Betroffenen bei uns in beiden Fällen nicht eben günstig aus: Missgunst im Erfolgsfall, Schadenfreude bis hin zur Ächtung bei einem Misserfolg. Ein Klima, das kein guter Nährboden für unternehmerischen Mut ist.

VOM SOCKEL GESTOSSEN

Es gilt also, den richtigen Mittelweg zu finden, wie wir mit dem Scheitern umgehen. Denn wie so oft geht die Entwicklung in die Extreme: Hype oder Tabuisierung. Beides sind die falschen Wege. Eine Glorifizierung des Scheiterns, wie sie mancherorts schon zu beobachten ist, ist sicher kein adäquater Umgang.

Auch meine Vorredner bei der „Fuck-Up-Night" sprachen in Frankfurt über ihr Scheitern. Die Vorträge sind mir noch heute bildhaft in Erinnerung. Vor ihrem Mut, in diesem großen Hörsaal vor so vielen jungen Menschen über Versagen und Misserfolge zu sprechen, hatte ich Respekt. Die Offenheit war allerdings von unterschiedlichem Umfang.

Wenn es um die Gründe für das jeweilige Scheitern geht, um das Eingestehen eigener Fehler und eigenen Verschuldens, bleibt vieles unerwähnt. Über konkrete Ursachen wird allzu oft nicht gesprochen. Man erhält aber eben nicht ohne Grund bei Porsche einen Aufhebungsvertrag, eine Agentur endet nicht grundlos in der Insolvenz. Wo, wenn nicht auf einer solchen „Fuck-Up-Night" mit einem Publikum, das aus Fehlern lernen will, sollte man über die Ursachen des eigenen Scheiterns offen sprechen?

Es gibt wohl vor allem eine Antwort auf diese Frage: Die Scham, eigene Fehler öffentlich einzugestehen, ist so groß, dass man sich lieber im Allgemeinen verliert und das Scheitern als etwas dar-stellt, das ohne eigenes Zutun aus heiterem Himmel über einen hereingebrochen ist.

Das gilt für jeden Einzelnen, auch für Wirtschaftsführer oder Politiker. Keiner hat Fehler gemacht, die ein Scheitern verursach-ten. Leo Kirch machte für seine Insolvenz Rolf Breuer, den dama-ligen Vorstandsvorsitzenden der Deutschen Bank, verantwortlich, der in einem Interview aus meiner Sicht etwas ungeschickt Kirchs Kreditwürdigkeit infrage gestellt hatte. Natürlich war nicht die-ses Interview der Grund für Kirchs Scheitern als Unternehmer, sondern vielmehr seine ungezügelte Risikofreude und seine Gier nach Macht und Einfluss.

Wenn ein ehemaliger Topmanager eines Autokonzerns und späterer Vorstandsvorsitzender eines Transportunternehmens nach seinem Ausscheiden dort über seine Karriere spricht, geht es nicht etwa um mögliche Ursachen für die aktuell problematische Lage seines ehemaligen Unternehmens, die unmittelbar nach sei-nem Ausscheiden offenbar wurde. Vielmehr erklärt er seinen ver-wunderten Zuhörern, wie er sich vor Jahren beim Verkauf eines Tochterunternehmens gegen seinen damaligen Chef „Dieter" durchgesetzt habe und auf diese Weise seinen Arbeitgeber rettete. Die Tatsache, dass er selbst Jahre zuvor federführend daran betei-ligt war, ebendieses Tochterunternehmen zu kaufen, verschweigt er geflissentlich. Er erwähnt auch nicht die Gründe, warum der damalige Merger in einem wirtschaftlichen Fiasko endete – er war daran schließlich selbst beteiligt. Beispiele dieser Art ließen sich beliebig fortsetzen.

Dabei ist das Eingeständnis, Fehler gemacht zu haben, keine Schwäche, sondern eine Stärke. Der Manager Arno Bohn begrün-dete seinen Rücktritt als damaliger Porsche-Chef mit der Aussage, er sei zurückgetreten, weil er seinen eigenen Ansprüchen und

Zielen nicht genügt habe. Das hat mich tief beeindruckt. Ob ich selbst diese Größe gehabt hätte – ich weiß es nicht.

Wenn Personen besonders erfolgreich sind, werden sie in der Öffentlichkeit schnell zu Übermenschen stilisiert, die vermeintlich keine Fehler machen und schon gar nicht scheitern. In den Anfangsjahren meiner Karriere schrieb das *Wall Street Journal* über mich, ich sei ein „Wunderkind". Ich habe es gern gelesen, ohne es einordnen und ohne die Erwartungen einschätzen zu können, die das weckte. Franz Beckenbauer wurde über Jahre überhöht, als könne er über Wasser gehen. Erst zu einem späten Zeitpunkt seines Lebens stellte die Öffentlichkeit verwundert fest, dass auch er menschliche Schwächen besitzt. Doch eine solche Glorifizierung ist gefährlich, da sie es dem so auf einen Sockel Gestellten beinahe unmöglich macht, Fehler und Misserfolge einzugestehen.

Eliten haben eine Vorbildfunktion, die auch oder gerade dann besonders groß ist, wenn ihr Leben unerwartet aus der Bahn läuft und sie scheitern. Nur wenn auch Spitzenpolitiker und Wirtschaftsführer glaubhaft Fehler einräumen und über die Ursachen ihres Scheiterns sprechen, können wir mit dem Mythos der Fehlerlosigkeit aufräumen, und nur dann können andere aus diesen Fehlern lernen.

5. KANN EIN MANAGER IN DEN HIMMEL KOMMEN?

DIE KARDINALTUGENDEN ALS KOMPASS

Nach einem solchen Erkenntnisprozess stellt sich natürlich die Frage, ob es Instrumente oder Haltungen gibt, die all dies hätten verhindern können.

Ich habe mich intensiv mit dieser Frage beschäftigt und bin zu der festen Überzeugung gekommen, dass es sie gibt. Sie werden allerdings nicht an Universitäten gelehrt, man findet sie auch nicht in den Handbüchern der Betriebswirtschaftslehre, und sie werden auch nicht von Unternehmens- oder Personalberatern in Workshops präsentiert.

Doch fangen wir vorne an.

Losgelöst von meiner Person stellt sich eine Frage, die natürlich ein Stück polarisieren soll: nämlich ob ein Manager überhaupt in den Himmel kommen kann – oder „weltlicher" formuliert: Kann ein Topmanager überhaupt ein guter Mensch sein und seiner Verantwortung für seine Mitmenschen und die Welt gerecht werden?

Die Antwort lautet meines Erachtens: Er kann, aber es hängt wie immer von dem Einzelfall ab; und dabei nicht nur von dem oberflächlichen Kriterium, ob er „erfolgreich" ist.

Auch wenn diese Fragestellung im Grunde diskriminierend ist, weil sie offensichtlich nur diesem heute durchaus kritisch gesehenen Berufsstand gilt, ist sie doch sinnvoll. Wenn Mediziner oder Wissenschaftler erfolgreich tätig sind, dann versteht man dies als Ausdruck ihres Könnens. Bei Managern hingegen hat Erfolg in der Öffentlichkeit oft etwas Anrüchiges und wird gern auf vermeintlich dubiose Praktiken zurückgeführt. Ein ganzer Berufsstand wird hier für seine schwarzen Schafe verurteilt. Die gibt es aber ohne Frage überall.

Die Frage, ob ein Manager ein guter Mensch sein kann, könnte vielleicht für die Protagonisten dieser Kaste im Hinblick auf ihr Selbstverständnis hilfreiche Hinweise geben – wenn sie sich denn darauf einlassen.

Kann jemand den Anspruch erheben, ein guter Mensch zu sein, wenn er allein einer guten Bilanz wegen Arbeitsplätze abbaut, um seinen Bonus zu erhöhen, und sich damit auch noch in rüder Form vor Kollegen brüstet, um ihnen zu imponieren?

Kann ein Manager in den Himmel kommen, der 50 Millionen Euro Steuern hinterzogen hat und zwar seine Strafe absitzt, danach aber genauso weitermacht wie zuvor und sich als Opfer der Steuerbehörden inszeniert?

Was haben die Manager zu erwarten, die „Dieselgate" zu verantworten haben? Die sich möglicherweise auch deswegen in diesen Skandal verstrickt haben, weil sie Milliardenrisiken eingingen, um eine Wettbewerbsfähigkeit vorzutäuschen, die ihnen über viele Jahre Millionen-Boni sicherte? Die billigend eine weitere Belastung der Umwelt und eine Täuschung gutgläubiger Kunden in Kauf nahmen?

Wie sind die Aussichten jener Manager, die aus der Deutschen Bank einen Sanierungsfall machten? Die um die Wertlosigkeit der Papiere wissend den Weg frei machten, dass CDOs an die deutschen Firmenkunden vertrieben werden durften, die sich mit diesen Produkten nicht auskannten? Und das, um vor allen Dingen auch hier wieder eines sicherzustellen: die Auszahlung der eigenen Boni.

Was ist mit den Bankern und vermögenden Anlegern, die in *Cum-Ex*-Geschäfte verstrickt sind und zulasten der Allgemeinheit Milliarden an Steuern hinterzogen haben? Was erwartet den Unternehmensberater, der zur Ergebnisverbesserung den Abbau einer großen Anzahl Arbeitsplätze empfiehlt, ohne Einzelschicksalen Rechnung zu tragen? Wie bewerten wir Investmentbanker, die um des eigenen Verdienstes willen und wider besseren Wissens fragwürdige Finanzinstrumente in der Markt pushen?

Sind diese Beispiele nur die Spitze eines Eisberges, ist es um unsere Wirtschaftsethik wirklich so schlecht bestellt? Ist der eigene Vorteil eine so starke Triebkraft für unser Handeln? Ganz verneinen lässt sich diese Frage nicht, da genügt der Blick vor die eigene Haustür – oder vielleicht sogar hinter dieselbe.

Da ist der Lehrer, der in großem Umfang Nachhilfestunden erteilt und die Einnahmen nicht versteuert. Da ist der Abteilungsleiter, der die Haushaltshilfe schwarz beschäftigt. Oder der Journalist, der das häusliche Arbeitszimmer steuerlich absetzt, obgleich er es nicht zum Arbeiten, sondern als Fitness-Raum nutzt? Ganz sicher würden die meisten von ihnen vehement bestreiten, etwas Unrechtes zu tun. Es gilt, die eigenen Pfründe zu verteidigen und zu mehren, im Kleinen wie im Großen.

Der Weg zur Selbsterkenntnis ist eben kein leichter, das weiß ich selbst am besten. Fehler werden selten eingeräumt und schon gar nicht öffentlich; ob bei kleinen Vergehen oder bei jenen, die für große Skandale sorgen. Stattdessen gilt die Devise: abwiegeln, aussitzen und dann weiter so wie bisher. Auch in dieser Hinsicht funktioniert die Deutschland-AG perfekt. Wenn alle nach dem gleichen Muster agieren, fällt ein Einzelner nicht aus dem Rahmen, und dann scheint das Unnormale plötzlich normal. Dieses Verhalten, so könnte man meinen, gehört zur DNA der gegenwärtigen Manager-Generation.

Die Nähe zwischen Wirtschaftsführern und Spitzenpolitikern macht es bisweilen zusätzlich schwierig, zu klaren Einsichten zu gelangen. Da werden Gegengutachten in Auftrag gegeben, wilde Spekulationen und Legenden breit gestreut und „Fake News" verbreitet, bis die Wahrheit und die wahren Verantwortlichkeiten nicht mehr auszumachen sind. Am Ende gilt: Wo sich keine Verantwortung ausmachen lässt, gibt es auch keinen Schuldigen und in der Öffentlichkeit wenig Grund zur Betroffenheit. Die Diesel-Affäre führt dieses Prinzip eindrucksvoll vor.

Vielleicht ist dieses Verhaltensprinzip im Einzelfall für den Moment erfolgreich. Welche Spätfolgen hat es aber? Ein Manager, der seine Fehler nicht erkennen und eingestehen will, der an falschen Sicht- und Verhaltensweisen unbeirrt festhält, wird wahrscheinlich zu einem späteren Zeitpunkt von seinen Sünden eingeholt. Oder er wird einer von denen, die nach ihrer Pensionierung reflexhaft versuchen, ihre eigene Erfolgsgeschichte neu zu schreiben, und die Legende der überragenden Managementleistungen mit Inbrunst pflegen.

Häufig frage ich mich, wie denn mein Leben als pensionierter ehemaliger Topmanager ausgesehen hätte, wenn mich meine Geschichte nicht ins Gefängnis und damit letztlich zur Einsicht gebracht hätte.

Sicherlich hätte ich versucht, mit verschiedenen Aufsichtsratsmandaten großer Konzerne meine fortdauernde Bedeutung unter sichtbaren Beweis zu stellen. Ich hätte an den verschiedenen Aufsichtsratssitzungen teilgenommen, um weiter das Gefühl zu haben, ein wichtiges Mitglied der Deutschland-AG zu sein. Ich hätte gelangweilt Empfängen, Geschäftseröffnungen und Vernissagen beigewohnt, um mir selbst weiter den Anschein der öffentlichen Bedeutung zu vermitteln. Und auf diesen Empfängen hätte ich immer schlecht über die geredet, die gerade nicht anwesend gewesen wären. Ich hätte einen Großteil meiner Zeit auf Kreuzfahrtschiffen verbracht oder auf Bildungsreisen mit anderen befreundeten, aber ebenso gelangweilten Menschen. Und möglicherweise hätte ich ein Buch zu einem beliebigen Thema veröffentlicht, das allerdings nicht ich selbst geschrieben hätte, sondern ein Ghostwriter.

EINE SCHEINWELT VOLLER LEGENDEN

Was bleibt von so einem Leben? Was ist von Dauer? Mit Geld lässt sich vieles kaufen, aber weder Glück noch Erfüllung. Wichtige Aufgaben lassen sich nicht vermehren und auch nicht konservieren. Mit der Erkenntnis, nicht mehr gebraucht zu werden und auch keine Errungenschaften hinterlassen zu haben, die das Fortdauern der eigenen Bedeutung sichern, breiten sich Verbitterung und Leere aus, womöglich verbunden mit dem Gefühl, dass die eigene Bedeutung von der Umwelt ohnehin immer schon verkannt worden ist und – viel schlimmer – auch in der Zukunft niemals mehr erkannt werden wird. Langeweile setzt ein, gesellschaftliche Einladungen gibt es nur noch zu Veranstaltungen, bei denen selbst die C-Prominenz Honorare für ihr Erscheinen verlangt.

Der Verlust der eigenen Bedeutung schmerzt, wenn das Leben in der Vergangenheit allein durch sie definiert wurde, und auch deshalb ist der Alltag dann häufig rückwärtsgerichtet. Bei den verbleibenden sich bietenden Gelegenheiten nervt man die anderen

Gäste mit einem bemüht bedeutungsschweren Auftritt, der im fundamentalen Gegensatz zur tatsächlichen inneren und charakterlichen Größe steht.

Die Häuser in München oder in Hamburg und die Zweitwohnsitze in Kitzbühel oder auf Mallorca werden zu Trutzburgen der Vergangenheitskonservierung, um den Frust einzudämmen, der sich immer breiter zu machen droht in der Leere des verbliebenen Restes an Lebenszeit. Da verbringt man am ehesten noch Zeit mit Leidensgenossen und versichert sich gegenseitig seiner Heldentaten, denn wo alle im selben Boot sitzen, wird keiner den anderen ins Wasser stoßen, weil er dann selbst vielleicht das Gleichgewicht zu verlieren und in der Hölle der Bedeutungslosigkeit zu versinken droht.

Ein Paradebeispiel dieses tragischen Schauspiels erlebte ich erst kürzlich bei einer Geburtstagsfeier eines ehemaligen Kollegen. Diese Einladung hatte mich überrascht, aber auch sehr gefreut. Ich empfand es als mutig von dem Gastgeber, mich einzuladen, denn meine Anwesenheit wurde sicher nicht von allen geschätzt. Aber ich entschloss mich, den Wunsch des Gastgebers zu respektieren und teilzunehmen.

Von der ersten Minute an erschien mir die Veranstaltung wie ein Déjà-vu: Die Geburtstagsfeier war organisiert wie ein Konzernempfang auf der Frankfurter Buchmesse: Die Hundertschaften an Gästen standen Schlange, der Jubilar, neben sich seine Ehefrau, schüttelte freudig die vielen Hände der Gratulanten. Fotografen hielten all dies für die Nachwelt fest. Es war ein Schaulaufen der Eitelkeiten, in dem jeder seine Rolle suchte: auch ein ehemaliger Vorstandskollege des Jubilars, der wiederum sich selbst zum Mittelpunkt zu machen versuchte, indem er seinerseits die Wartenden begrüßte und überschwänglich ihre Hände schüttelte.

Das nachfolgende Programm und die Reden verfolgten vor allem ein Anliegen: Hier wurde ein großer ehemaliger Manager gefeiert, ihm ein Denkmal gesetzt, und alle Gäste sollten bitteschön noch einmal hören, sehen und lesen, wie wichtig und bedeutungsvoll er gewesen war und dass er den von ihm geführten Konzern damals aus einer großen Krise errettet hatte.

Das Ganze barg auf eine Weise eine schräge Komik, wenngleich es auch zutiefst tragisch war. Ein CEO, der nicht mindestens einmal in seinem Leben den von ihm geführten Konzern gerettet hat, war seiner Aufgabe offensichtlich nicht gerecht geworden; zumindest ist dieses Szenario fester Bestandteil etlicher Würdigungen. So viele Krisen, wie seine Manager sie überwunden haben wollen, hat allerdings kein Konzern gehabt.

Mit Erschrecken wurde mir klar: Genau so wäre ich vermutlich auch geworden. In meinen Anfangsjahren bei Bertelsmann habe ich ebenso für mich getrommelt. Heute kann ich über mich und mein damaliges Verhalten lachen – aber nur, weil mein Weg in diese Richtung brutal unterbrochen wurde.

Wo die Leere mit dem Versuch des Erhalts der eigenen verlorenen Bedeutung gefüllt wird, ist bildhaft gesprochen der Weg zur Himmelspforte ein weiter. Wer dagegen ein bewusstes (Berufs)Leben führt, seinen Weg ehrlich beschreitet, wer Fehler eingestehen und bereuen kann, der verliert sich nicht und lebt wahrhaftig, nachhaltig und erfüllt. Und was sonst sollte das sein als der Himmel?

Doch was sind nun die Wegweiser zu einem solchen Leben, der Kompass für jeden Menschen und ganz besonders für Manager?

Es sind die Haupttugenden, mit denen sich schon die griechischen und römischen Philosophen befassten, von Aischylos, Platon, Aristoteles bis hin zu Cicero und Thomas von Aquin: Mäßigung, Gerechtigkeit, Weisheit oder Klugheit, Tapferkeit.

Und ich möchte noch hinzufügen: Demut, Glaube, Liebe und Hoffnung.

Rückblickend, auf der Basis einer ausführlichen Analyse, stellen sich viele Dinge oft klarer dar als inmitten einer Entwicklung selbst. Aus heutiger Perspektive ist es für mich deshalb keine Frage, dass mein Leben anders verlaufen und nicht außer Kontrolle geraten wäre, hätte ich diese Tugenden zu meinen Leitlinien gemacht oder als Leitplanken meines beruflichen und privaten Lebens geachtet.

Ebenso wie Todsünden durch ständige Wiederholung zum Laster anwachsen, so kann andererseits Gutes durch Wiederholung zur Tugend werden.

Wie verstehen wir den Begriff Tugend? Er beschreibt eine Haltung, mit der das sittlich Gute erreicht werden soll. Schon bei den antiken Philosophen stellte sich die Frage nach dem Zusammenhang von Ethik und Tugend. Dabei verstanden die Sophisten unter Tugend die Fähigkeit, sich bestmöglich in einer feindlichen Umwelt zu behaupten. Platon entwickelte später einen Katalog von Einzeltugenden, die ihre Grundlage in vier Grund- oder Haupttugenden hatten. Diese vier Kardinaltugenden wurden in der christlichen Religion um die drei göttlichen Haupttugenden Glaube, Hoffnung und Liebe ergänzt. Dazu später mehr.

In den Kardinaltugenden sahen bereits die griechischen Philosophen den Schlüssel zu einem nachhaltig glücklichen und erfüllten Leben. Sokrates wurde von einem Bekannten gefragt, ob er den persischen Großkönig für glücklich halte. Der Philosoph antwortete seinem Freund: „Mir ist nicht bekannt, über wie viel Weisheit und Tugend der persische König verfügt; ich weiß nur, dass ausschließlich diese den Menschen glücklich machen."

Was kann das heute im 21. Jahrhundert für uns bedeuten, wie kann es uns in unserem komplexen Alltag leiten? Ich habe für mich folgendes Bild gefunden: Die Kardinaltugenden sind im Rahmen unseres Alltags so etwas wie ein Navigationssystem. Als Grundlage braucht dieses Kriterien, nach denen es mich führt. Die Kriterien lege ich selbst zu Beginn einer jeden Fahrt fest. Mit ihnen errechnet das Navigationssystem meinen idealen Weg, bietet mir aber auch Fahrt- bzw. Handlungsalternativen an, zwischen denen ich wählen kann. Ganz gleich, für welche Route ich mich entscheide, ich gelange immer sicher an mein Ziel. Und sollten sich auf dem Weg Behinderungen oder auch unbekannte Abzweigungen ergeben, zeigt mir das Navigationssystem stets den besten Weg hindurch. Es navigiert mich sozusagen durch den Dschungel meines Alltags – und unbeschadet auch um Versuchungen und Fallstricke herum, die in Todsünden münden können. Beachte ich es hingegen nicht, bin ich auf gut Glück und ohne Orientierung unterwegs. Wohin mich das führt, ist nicht vorhersehbar. Möglicherweise in eine Sackgasse, vielleicht verliere ich aber auch vollends den Weg.

Dieses Navigationssystem, das uns nach den Kriterien der Kardinaltugenden leitet, begleitet uns idealerweise durch unser ganzes Leben. Denn Versuchungen wie die der Todsünden treten nicht einmalig auf, und sie können uns in jungen Jahren ebenso herausfordern wie erst später im Alter.

Das Navigationssystem ist also so etwas wie ein Wertekompass. Bildlich gesehen ist er immer und überall präsent: Er hängt über dem Schreibtisch, begleitet das morgendliche Gebet oder bildet den Bezugsrahmen bei einer Meditation. Er kann das Raster für eine prüfende Rückschau am Ende eines Tages sein und die große Richtschnur meines Lebens im beruflichen wie im privaten Bereich. Zudem lässt er sich auch zu einem wichtigen Bestandteil einer Unternehmenskultur entwickeln und stellt eine zentrale Grundlage für die Entwicklung von Nachwuchsführungskräften dar.

Welches sind nun die Kriterien dieses Navigationssystems, das mich leitet?

KLUGHEIT

Nach Thomas von Aquin ist die Klugheit „die rechte Vernunft, die das Handeln leitet". Aristoteles sah in der Klugheit die Lenkerin aller Tugenden. Nach seinem Verständnis steuert sie diese und setzt ihnen Regeln und Maß. Die Tugend der Klugheit zeigt uns das Gute, und sie lehrt uns, es in unserem Handeln zu verwirklichen.

Es gibt zahlreiche Beispiele von eindrucksvoller Klugheit als Handlungsgrundlage, und eines hat sich mir besonders eingeprägt. Ich hatte das Glück, schon in jungen Jahren einen Menschen kennenlernen zu dürfen, dessen Erfolgsgeschichte nicht das Ergebnis von Glück, Zufällen oder besonders rücksichtslosem Durchsetzungsvermögen war, sondern vor allem von großer Klugheit: Jeff Bezos. Er steht auch deshalb symbolhaft für eine neue Generation von Unternehmern und gilt jüngeren Generationen als großes Vorbild.

Jeff Bezos formte in rund 25 Jahren aus einem kleinen Startup nicht weniger als eines der wertvollsten Unternehmen der Welt. Konsequent setzte er mit *Amazon* seit 1995 seine Strategie um und wurde das führende E-Commerce-Unternehmen der Welt.

Ich lernte Jeff schon Mitte der 1990er-Jahre bei verschiedenen Verhandlungen persönlich kennen und schätzen. Nie werde ich meinen ersten Besuch bei ihm in Seattle vergessen. Damals gab es dort noch keine Konzernzentrale. Als ich eintraf, fand ich ihn in einer kleinen Lagerhalle, wo er seinen Mitarbeitern dabei half, die Bücher für das Weihnachtsgeschäft zu verpacken.

Jeff ist ein hochintelligenter Mann, der sich unter anderem durch enorme analytische Brillanz auszeichnet. Er trat stets bescheiden auf, und zu seinen Stärken zählte ganz besonders sein Humor. Der Klang seines Lachens wurde in jungen Jahren zu seinem Markenzeichen. Er umgab sich bereits in der Startup-Phase von *Amazon* mit den klügsten Ratgebern und Venture Capitalists aus dem Silicon Valley. Im Gegensatz zu anderen visionären Tech-Unternehmern wie Elon Musk erbrachte er über Jahrzehnte mit großer Kontinuität eine höchst eindrucksvolle Leistung – ohne Protzereien oder Kult um seine Person.

Es war Ende der 90er-Jahre, als wir mit anderen CEOs führender TMT-Unternehmen, darunter Rupert Murdoch, Steve Case, Jerry Levine und Michael Dell, in Sun Valley am Abend noch zusammensaßen und eine Wette abschlossen. Es ging darum, wie sich das Unternehmen der jeweils zur rechten Seite sitzenden Person bis zum nächsten Treffen im kommenden Jahr entwickeln würde.

Jeff Bezos' linker Tischnachbar, übrigens ein sehr prominenter Vertreter seiner Zunft, verkündete eine apokalyptische Einschätzung: „*Amazon* wird im nächsten Jahr nicht mehr existieren." Jeff Bezos quittierte diese kühne Prognose seines Nachbarn mit einem feinen Lächeln und mit dem Satz: „We'll see us next year."

Wie falsch diese Einschätzung war, bewies Jeff bis heute mit diversen Geschäftsmodellen unter dem Dach von *Amazon*: Digital Business, Logistik, Cloud Business, Amazon Prime, Serien und mehr. Den Börsenwert des Unternehmens seines damaligen Tischnachbarn übertrifft *Amazon* heute um ein Vielfaches.

Auch wenn Analysten in eine andere strategische Richtung zu drängen versuchten, hielt Jeff Bezos über Jahre an seiner Vision fest. Wachstum war ihm über lange Jahre wichtiger als das Ergebnis, Marktanteile wichtiger als Rendite, und neue Geschäftsmodelle sind für ihn auch noch heute deutlich interessanter als Stillstand. Mit Scharfsinn und klaren Entscheidungen trieb er die strategische Entwicklung von *Amazon* voran. Wichtige Entscheidungen durchdringt er analytisch und bereitet sie systematisch vor. Dabei können grundsätzliche strategische Positionen durchaus auch zu „Dealbreakern" werden.

Jeff Bezos verfügt zweifelsohne über große geschäftliche Klugheit. Daran vermag auch die öffentliche Debatte um sein Privatleben im Zuge der Trennung von seiner Frau nichts zu ändern.

Die Klugheit ist nach der klassisch christlichen Lebenslehre der Formgrund aller anderen Haupttugenden. Nur wer klug ist, kann auch gerecht, tapfer, maßvoll und demütig sein. Der gute Mensch ist gut kraft seiner Klugheit (Josef Pieper).

IN DREI PHASEN ZU EINER ENTSCHEIDUNG

Wie kann die Klugheit uns in unserem Handeln leiten? Wie treffen wir klug eine (richtige) Entscheidung?

Eine Entscheidung verläuft in der Regel in drei Phasen: 1. Analyse der Ausgangssituation und Abwägung der Handlungsmöglichkeiten. 2. Fassen eines Entschlusses über das, was zu tun ist. 3. Die Umsetzung des Beschlusses in ein konkretes Handeln und damit in ein operatives Vorgehen.

Das mag banal klingen, kann aber für manchen große Herausforderungen bergen. Die Aufgabe der Klugheit ist es nämlich auch, Entscheidungen von „handlungsinitiierenden Affekten" zu befreien[3]. Damit stellt gerade die Klugheit ein wichtiges Korrektiv für all diejenigen dar, die es bevorzugen, aus ihrer Gefühlslage,

---

3 Andreas Luckner: Klugheit, De Gruyter 2005, S. 106

also „frei aus dem Bauch heraus" zu entscheiden. Wer es gewohnt ist, auf diese Weise Entscheidungen nicht analytisch, sondern intuitiv zu treffen, wird sich schwerer damit tun, sich in seinem Leben von der Tugend der Klugheit leiten zu lassen.

AOL-Gründer Steve Case, für dessen Freundschaft ich schon viele Jahre dankbar bin, weiß um die Bedeutung der Klugheit für schwierige Entscheidungen. Wenn er über wichtige Fragen entscheiden muss, ist er oft tagelang für nahezu niemanden erreichbar. Er zieht sich zurück, um Analyse und Bewertung der zu entscheidenden Frage vorzunehmen, die Alternativen zu durchdenken – all das fernab von Hektik, Smartphone und E-Mails. Steve fokussiert sich in diesen Momenten auf die eine wichtige Entscheidung, alles andere macht er für den Moment zu einer Nebensächlichkeit.

Tolstoi beschrieb diese bewusst gewählte Einsamkeit vor wichtigen Entscheidungen so: „Auf der höchsten Bewusstseinsstufe ist der Mensch allein. Eine solche Einsamkeit kann sonderbar, ungewöhnlich, ja auch schwierig erscheinen. Törichte Menschen versuchen, sie durch die verschiedensten Ablenkungen zu vermeiden, um von diesem erhabenen zu einem niedriger gelegenen Ort zu entkommen. Weise dagegen verharren mithilfe des Gebetes auf diesem Gipfelpunkt."

Natürlich geht das oft nicht, nicht jeder kann sich einfach für Tage zurückziehen. Nicht im Alltag mit all seinen Verpflichtungen durch Familie und Beruf und nicht im Rahmen einer verantwortungsvollen Führungstätigkeit in einem Unternehmen. Bei wichtigen strategischen Weichenstellungen kann es allerdings durchaus sinnvoll sein, es setzt aber eine absolute Fokussierung und die Bildung von Prioritäten voraus.

Nicht jede Entscheidung hat aber die Dimension einer Weichenstellung. Es sind doch vor allem auch die kleinen Fragen unseres

Alltags, die uns so oft das Leben schwer machen und zu großen Problemen werden, wenn wir sie nicht mit der gebotenen Klugheit behandeln. Tragen wir dagegen ganz bewusst auch in unserem täglichen Leben den drei Phasen bei einer Entscheidung Rechnung, werden wir mit dem Ergebnis deutlich zufriedener sein.

Das gilt für berufliche Entscheidungen ebenso wie für zwischenmenschliche: Auch und gerade in der Kommunikation mit anderen etwa in Konfliktsituationen ließen sich so manche Eskalationen vermeiden oder zumindest eindämmen. Dafür muss man sich nicht Tage zurückziehen, ein kurzes Innehalten genügt meist schon.

Dies verdeutlicht zudem, dass Entscheidungen nicht unter Zeitdruck und nicht ohne ausreichend kluge Strukturierung getroffen werden sollten. Dies gilt insbesondere für antriebsstarke Menschen, die eine hohe Identifikation mit ihrer Aufgabe und viel Empathie besitzen oder narzisstische Prägungen haben. Sie lassen sich oft leichter von der Intuition (irre)leiten.

Ich selbst mag dafür leider als bestes Beispiel dienen. Hätte ich mich bei der so ungeheuer wichtigen Entscheidung über meine Vermögensverwaltung nicht von meiner Intuition leiten lassen, sondern nach dem Klugheitsprinzip auf Basis einer objektiven Analyse und Abwägung entschieden, wäre meine Wahl sicher nicht auf Oppenheim-Esch gefallen. Ich ließ mich von wohlklingenden Namen weiterer Kunden blenden – und irreleiten.

Wäre ich dem Prinzip der Klugheit gefolgt, hätte ich auch nicht zugelassen, dass ein Großteil meines Vermögens in vier Karstadt-Warenhäuser investiert wurde, waren doch die Risiken dieser Investition leicht erkennbar: Das „Klumpenrisiko" durch nur einen Mieter und die wirtschaftlichen Probleme von Karstadt waren zum Zeitpunkt der Investitionsentscheidung in den Bilanzen deutlich erkennbar.

Ich hatte mich leichtfertig verhalten statt klug, und zwar in doppelter Hinsicht: Ich hatte die falschen Personen damit betraut, für mich wichtige Entscheidungen zu treffen, weil ich mich selbst mangels Zeit dazu nicht in der Lage sah. Und ich hatte deren Entscheidungen nicht analysiert und nicht infrage gestellt, obgleich es dazu Anlass gab, ebenso wie ein offensichtliches Interesse, vor allem sich selbst mit diesen Investitionen zu begünstigen.

Das war fatal, nicht nur für mich selbst. Der Gedanke, dass ich mit meiner Fehlentscheidung später auch andere potenzielle Interessenten indirekt dahin gehend beeinflusst habe, in Oppenheim-Esch-Fonds zu investieren, beschäftigt mich noch heute sehr. Sie unterstellten vermutlich (zu Recht), dass ich mich intensiv und detailliert mit den Fakten auseinandergesetzt hatte, bevor ich meine Entscheidung traf. Und das hätte ich auch tun sollen, wie ich es auch im Berufsleben tat.

WAS KLUGHEIT BEINHALTET

Was ich persönlich aus dieser Erfahrung gelernt habe: Bei allen wichtigen Fragen mache ich mir heute die Folgen meiner Entscheidungen und meines Handelns bewusst, soweit mir das möglich ist. Die Zeit, die dies kostet, ist eine unschätzbare Investition in meine Zukunft und mein Lebensglück. Sie ist es wert.

Wäre diesem Prinzip auch in der politischen Landschaft immer entsprochen worden, wäre manche Entscheidung möglicherweise anders ausgefallen: in der Energie- und Migrationspolitik etwa, wie heute die Folgen des überstürzten Ausstiegs aus der Kernkraft oder jene der unüberlegten und unkontrollierten Öffnung der Grenzen für Flüchtlinge und Migranten dramatisch mahnen.

Klugheit wäre auch für so manchen Manager im Hinblick auf seine Medienarbeit hilfreich. Wieviel Schaden könnte abgewendet werden, wenn vor einem Auftritt in den Medien das Kommunikationsziel oder die Botschaft klug definiert worden wäre, die beispielsweise durch ein Interview vermittelt werden soll; es sollte analysiert werden, wie dieses Ziel erreicht werden soll und ob die Inhalte vollständig mit den strategischen Zielen des Unternehmens im Einklang stehen. Manchmal wünschte man sich da, dass diesen Fragen im Präsidium des FC Bayern München ebenso viel Zeit gewidmet würde wie dem selbstmitleidigen Bekleiden einer selbstverschuldeten Opferrolle.

Die Klugheit des Handelns betrifft eben viele Bereiche des Lebens, auch jene des eigenen zeitlichen Arbeitseinsatzes. Die Antworten auf diese Fragen muss jeder für sich finden. Eine absolute Größe kann nicht die allgemeingültige Antwort sein. Ich habe für mich in meiner Karriere sicher oftmals nicht das richtige Maß gefunden.

Entscheidend ist aus meiner Sicht die Motivation, die hinter einem überhöhten Arbeitseinsatz steckt: Ist es der Bedarf, der sich aus einer komplexen Situation des betreffenden Unternehmens oder der Aufgabenstellung ergibt? Oder dient er als Kompensation für eigene Defizite in anderen Lebensbereichen und fungiert als eine Art Flucht?

Die Grenzen zwischen beidem sind manchmal schwer auszumachen. Ich habe mir nicht immer genug Mühe damit gemacht – da kommt wieder die schon erwähnte Todsünde *Acedia* ins Spiel, die „Trägheit des Herzens", die einen daran hindert, die wirklich wichtigen Dinge bewusst wahrzunehmen. Macht man sich den eigenen Antrieb für sein Handeln dagegen immer wieder bewusst, fällt es leichter, Fallstricke auszumachen und sich von Klugheit leiten zu lassen.

Nach Thomas von Aquin umfasst die Klugheit außerdem noch wichtige Teiltugenden, wie „Scharfsinn", „Verständigkeit" und „Wohlberatenheit". Was manchem nebensächlich erscheinen mag, ist von großer Bedeutung: Verständigkeit gewährleistet nämlich, dass man sich dem Urteil, dem Rat oder den Empfehlungen von Dritten nicht verschließt; dass man offen anderen Meinungen gegenübersteht, gerade in Fällen, in denen sie von der eigenen abweichen.

So wie man im privaten Rahmen den Rat seiner Eltern erbittet oder den eines Freundes, ist dies auch für Unternehmen hilfreich. Die Einholung solcher Expertenmeinungen kann da im Rahmen von komplexen Entscheidungsprozessen durchaus institutionalisiert werden.

Die Tugend der Wohlberatenheit stellt sicher, dass man genau so viel Rat Dritter einholt, wie man braucht, um zu einer optimalen Entscheidung zu gelangen. Denn ebenso, wie zu wenig fundierter Rat abträglich für eine optimale Entscheidung ist, kann umgekehrt ein Zuviel an Drittmeinungen zu einem Zerreden des Problems und dem Verlust des wichtigen Momentums führen. Auch unter Kosten-Nutzen-Aspekten ist dies ein wichtiges Kriterium: Wer will schon erleben, dass der Ertrag einer Entscheidung durch die entstandenen Beratungskosten aufgezehrt wird, wie dies häufig bei Restrukturierungsmaßnahmen oder Insolvenzverfahren der Fall ist?

Mit Scharfsinn versetzt man sich wiederum in die Lage, aus all den Ratschlägen, Gedanken und Meinungen, die man in einem Entscheidungsprozess zusammengetragen hat, die für die Problemlösung genau richtigen herauszufiltern.

Alle drei dieser Teiltugenden sind immer dann besonders wichtig, wenn es sich bei einzelnen Entscheidungen oder der Abfolge von Entscheidungsschritten im unternehmerischen Bereich um strategische Entscheidungen, Restrukturierungs- oder Transformationsentscheidungen handelt.

Der legendäre Investor Warren Buffett wird von seinen Anlegern für viele Eigenschaften gepriesen. Vor allem aber zeichnen ihn Klugheit und Scharfsinn aus. Er besitzt ganz offensichtlich die Fähigkeit, aus einer Vielzahl von Anlagemöglichkeiten mit größtmöglicher Treffsicherheit die richtige zu wählen. Die eindrucksvolle Rendite seiner Investment-Unternehmen hat er auch in Zeiten der Finanzkrise halten können, was für seinen Scharfsinn spricht. Oder aber er verzichtet auf eine Anlage der ihm anvertrauten Gelder, falls sich nach der Risiko-Chancen-Abwägung keine geeigneten Anlagen anbieten. Im März 2019 saß sein Unternehmen *Berkshire Hathaway* auf verfügbaren Investitionsmitteln in Höhe von 100 Milliarden Dollar.

Klugheit bezieht sich aber nicht nur auf die inhaltliche Ausgestaltung von Entscheidungen, sondern auch auf das richtige Tempo und die richtigen Sequenzen der einzelnen Schritte. Besonders für Unternehmen ist dies ein wichtiger Aspekt. Mein Tempo sei zu hoch gewesen, die Schritte nicht immer nachvollziehbar, lautete ein Vorwurf, den man mir seinerzeit bei der Transformation von Bertelsmann und *Arcandor* machte. Vielleicht war es so.

Veränderungen mögen an mancher Stelle grundsätzlich ungern gesehen sein, ihre Notwendigkeit wird bisweilen nicht auf Anhieb verstanden. Unstrittig ist, dass Mitarbeiter und Organisationen eingebunden werden müssen und durch die Geschwindigkeit einer Entwicklung oder Neuausrichtung nicht überfordert werden dürfen.

Das gilt heute ganz besonders für Prozesse, mit denen große Konzerne auf die Transformation in die digitale Welt vorbereitet werden sollen. Das Gespür für das richtige Momentum ist hierbei häufig entscheidend. Die Veränderungsgeschwindigkeit sollte nicht zu langsam sein, um die Zukunftsfähigkeit des Unternehmens nicht zu gefährden, und andererseits auch nicht zu schnell vorangetrieben werden, um die Führungskräfte und Mitarbeiter nicht abzuhängen. Erfolgreich geht es nur miteinander. Und schließlich braucht die Tugend der Klugheit an ihrer Seite die Voraussicht und die Vorsicht. Insbesondere bei der Gestaltung von Veränderungsprozessen in der digitalen Welt sind diese Teiltugenden heute wichtiger denn je. Welchen Anteil knapper Finanzmittel darf ich verantwortungsvoll in neue Geschäftsmodelle investieren, und welcher Betrag sollte absolut oder relativ nicht überschritten werden, um den Bestand des Unternehmens nicht aufs Spiel zu setzen? Entscheidende Fragen in solchen Prozessen, deren Beantwortung ein Höchstmaß an Klugheit, Vorsicht und Voraussicht verlangt.

Wäre mancher Manager der Automobilindustrie dem Prinzip der Klugheit stärker gefolgt, hätte es den Skandal um den Abgas-Betrug vermutlich nicht gegeben. Hätten die *Cum-Ex*-Anleger, dem Prinzip der Klugheit folgend, das zugrunde liegende Steuer-Sparmodell gedanklich durchdrungen, hätten sie wegen der offensichtlichen Umgehungstatbestände ihren Beratern das Mandat entziehen müssen. Und hätte die Deutsche Bank bei einem ihrer Kreditnehmer, dem Baulöwen Jürgen Schneider, die Bruttogeschossflächen überprüft, hätte sie leicht feststellen können, dass ein nicht unwesentlicher Bestandteil der gewährten Kredite nichts anderes finanzierte als im wahrsten Sinne des Wortes – Luft.

MÄSSIGUNG

Bei der Mäßigung handelt es sich nach der christlichen Ethik um eine grundlegende Tugend. Sie wird auch mit „Besonnenheit" oder „Beherrschung" gleichgesetzt und als eine Mindestanforderung zur Sicherstellung der moralischen Grundlage eines Charakters verstanden. Im Lateinischen wird sie mit „temperantia" bezeichnet, das bedeutet auch „ordnen" oder „aus verschiedenartigen Teilen ein geordnetes Ganzes fügen".

Die Mäßigung bringt also in gewisser Weise Ordnung in unser Leben, das durch die vielfältigen und ständig steigenden Wünsche und Bedürfnisse andernfalls leicht eine chaotische Ausprägung erfahren kann. Sie wirkt sowohl präventiv ordnend als auch als Korrektiv, wenn unser Verhalten Züge der Maßlosigkeit entwickelt und wir dies erkennen. Das setzt allerdings ein Grundbedürfnis nach einem Ordnungssystem voraus.

Die Tugend der Mäßigung ist damit ein grundlegender Teil unseres Charakters; ohne sie kann der Charakter weder beibehalten noch weiterentwickelt werden. Dieses Korrektiv hatte ich im Verlauf meiner Karriere aus den Augen verloren. Oder ich hatte es gar nicht einsetzen wollen. Jedenfalls fehlte es mir über viele Jahre meines Lebens – mit fatalen Folgen. Ich lehnte im Gegenteil die stark calvinistische Prägung meiner Schwiegereltern über Jahrzehnte hinweg ab. Ich empfand sie als eng, einseitig und kalt.

Vielleicht hätte ich das Kind nicht mit dem Bade ausschütten sollen. Sicher ist eine Lebenshaltung, die vor allem durch Entsagung geprägt ist, auch keine Lösung. Aber dass Mäßigung nicht unbedingt Selbstaufgabe, Verzicht und Genussfeindlichkeit bedeuten muss, sondern ein wichtiges Selbstmanagement-Tool darstellt, habe ich leider erst viel später begriffen.

Als einen Gegenpol zu der gelebten Entsagung in der Familie meiner Frau nahm ich Albert Frère wahr, den erfolgreichen belgischen Investor. Er war in meinen Augen auch der Gegenentwurf zu Reinhard Mohn und dessen schon erwähnter allumfassender Mäßigung, die er auch seinen Führungskräften abverlangte. Das umfasste sowohl öffentliche Auftritte wie auch die Entscheidung, Manager als Repräsentanten des Konzerns auftreten zu lassen und eine Altersbegrenzung für seine obersten Führungskräfte einzuführen: Der Vorstandsvorsitzende hatte mit 60 Jahren in den Ruhestand zu gehen und der Aufsichtsratsvorsitzende mit 70 Jahren.

Bei alldem ging es vor allem um die Außenwirkung. In einem Vorwort für die Festschrift „125 Jahre Bertelsmann" schrieb Mohn im September 1960: „Der Maßstab für den Erfolg dieser Bemühungen wird nicht das materielle Ergebnis sein, sondern die Bestätigung, dass wir die Arbeit in Übereinstimmung mit unserer Zielsetzung tun, dem Menschen zu dienen."

Ich hatte das Glück, Baron Frére persönlich kennenlernen zu dürfen und später sogar freundschaftlich mit ihm verbunden zu sein. Er prägte mich mit seiner Lebenseinstellung stark: Genuss war ein ganz selbstverständlicher und natürlicher Bestandteil seiner Lebensweise. Ganz anders als dies bei Reinhard Mohn der Fall war, der dem lieber abseits der Öffentlichkeit frönte.

Albert liebte guten Rotwein, er war gemeinsam mit Bernard Arnaud Eigentümer des legendären Weinguts *Cheval Blanc*, und seine Familie hält auch nach seinem Tod weiter seine Anteile. Seinen Urlaub verbrachte er in Saint-Tropez an der Cote d'Azur und nicht auf Mallorca, wohin es Reinhard Mohn und deshalb auch Heerscharen seiner Führungskräfte zog. Wobei sich bei Albert Urlaub und Arbeit nicht ausschlossen, Dogmen waren ihm fremd.

Machte er Urlaub in seinem Haus in St. Tropez, dann stand er früh am Morgen auf und begann mit einem Conference Call, in dem er über die Aktienkursentwicklung seiner Beteiligungsfirmen informiert wurde. Es folgte der telefonische Report seiner einzelnen CEOs. Das Studium des Press Clippings absolvierte Albert anschließend während des Ergometer-Trainings direkt neben seinem Pool. Den Rest des Tages genoss er bis in den Abend hinein, der meist mit Treffen mit (Geschäfts-)Freunden verplant war.

Reinhard Mohn hingegen hasste es, im Urlaub mit geschäftlichen Belangen gestört zu werden. Mir lag die Lebens- und Arbeitsweise von Albert Frère näher. Hier schienen beide Welten so selbstverständlicher Bestandteil des Alltags zu sein, dass es mir auf eine besondere Weise ganz natürlich erschien. Geschäftliche Angelegenheiten gehörten für mich auch im Urlaub zum Alltag, und das erwartete ich auch von meinen Mitarbeitern. Ich verlangte viel, von ihnen wie von mir. Mäßigung wäre da sicher zuträglich gewesen.

Auch die Abendeinladungen des belgischen Ausnahmeunternehmers in Saint-Tropez waren besonders und hatten eine klare Struktur: Um Punkt 22 Uhr klatschte er auf der kleinen Empore stehend in die Hände und ließ seine Gäste mit erhobener Stimme wissen: „Meine lieben Freunde! Ich liebe euch, aber jetzt ist es Zeit für euch, nach Hause zu gehen." Regelmäßige Gäste kannten das Prozedere und wussten, dass man die großzügig angebotenen Speisen und Getränke zu diesem Zeitpunkt bereits angemessen gewürdigt haben sollte. Für mich ein unübertroffenes Beispiel genussvoller Mäßigung.

Anders als Albert Frére gelang es mir leider nicht, die Balance zu halten zwischen Genuss und Disziplin, zwischen maßlosen Neigungen und gebotener Zügelung. In dem Maß, in dem mir die Mäßigung fehlte, verlor ich sukzessive meine Mitte und Schritt für Schritt auch immer mehr von meinem Charakter. Dort, wo sich mein Leben zunehmend in der Maßlosigkeit verlor, hätte mir Mäßigung in jeder Hinsicht helfen können.

Ein weiteres, aber ganz anders gelagertes Beispiel für gelungene Mäßigung stellt Bill Gates dar. In den Jahren 1994 und 2003 war er das „Gesicht" von Microsoft und wurde von dem Unternehmen auch als solches aktiv vermarktet. Er war es, der in dieser Phase in der Öffentlichkeit als visionärer, wirtschaftlich erfolgreicher Gründer des Konzerns auftrat, während sich sein Partner Paul Allen konsequent im Hintergrund hielt. Die Vermarktung seiner Person für das Unternehmen ging so weit, dass auch private Aspekte in die Öffentlichkeitsarbeit einbezogen wurden, wie beispielsweise sein neu erbautes Wohnhaus in Seattle. Die Größe seines Hauses und dessen Ausstattung mit digitalen Technologien waren Bestandteil der Vermarktungsstrategie des Konzerns.

Gates aber hatte schnell erkannt, dass diese personenbezogene Public-Relations-Strategie auch große Angriffsflächen bot; gegen den Konzern und natürlich auch gegen ihn persönlich. Er antizipierte, dass seinem bis dahin makellosen persönlichen Image unangenehme Schrammen zugefügt werden würden. Noch bevor dies geschehen konnte, machte er dem ein Ende und verordnete seinen Marketingstrategen sowie sich selbst Mäßigung.

Stattdessen konzentrierte er sich gemeinsam mit seiner Frau Melinda auf die *Gates Foundation*, veränderte seine Rolle im Konzern und viel stärker noch in der Außenwirkung mehr in Richtung Technologie und nahm eine Art „visionärer CTO-Funktion" ein. Er reduzierte seine öffentliche Präsenz und übte sich in Zurückhaltung, was nicht einfach ist, wenn man fortwährend mit dem Attribut „reichster Mann der Welt" etikettiert wird.

Die Mäßigung dient nicht nur der Ordnung eines Lebens, sie ist nach dem Katechismus der katholischen Kirche auch jene sittliche

Tugend, welche die Neigung zu verschiedenen Vergnügungen zügelt und uns das rechte Maß beim Genuss von uns geschaffener Güter halten lässt. Wären die früheren Entscheidungsträger bei der schon erwähnten Versicherung dieser Tugend gefolgt, hätte es wohl keine ausschweifende Party mit Prostituierten gegeben, die landesweit für Schlagzeilen sorgte. Das Management hätte dem Konzern, den Familien der beteiligten Vertriebsmitarbeiter und auch sich selbst viel ersparen können.

BESCHEIDENHEIT SCHAFFT KONTINUITÄT

In engem Zusammenhang mit der Tugend der Mäßigung steht außerdem auch die Bescheidenheit. Sie bildet den Gegensatz zur Todsünde des Hochmuts. Bescheidenheit verhilft zu innerer Stärke und ist eine Voraussetzung für die Entwicklung einer starken, gut ausbalancierten Persönlichkeit, wie sie beispielsweise Jeff Bezos trotz seines beeindruckenden Erfolgs hat.

Während meines Berufslebens durfte ich viele Menschen kennenlernen, die sich durch große Bescheidenheit auszeichneten. Diese Persönlichkeiten verfügten über wahre innere Größe, sie ruhten in sich und waren sich ihrer Stärke bewusst, ohne den Drang zu verspüren, diese demonstrativ unter Beweis stellen zu wollen. Mein Vater war eine solche Persönlichkeit. Mir hat es hingegen lange an der notwendigen Bescheidenheit gefehlt.

Ohne Frage führt eine bewusste Mäßigung zugleich auch zu einem bewussteren Leben. Es ist damit eigentlich denkbar einfach, im Hier und im Jetzt zu leben, was mir über einen längeren Zeitraum leider nicht gelingen wollte. Es erfordert nur die Kraft, sich zu begrenzen und sich zu konzentrieren, um zu erkennen, was wirklich von Bedeutung ist. Dann wird Mäßigung auch nicht als Entsagung empfunden. Man muss es ganz einfach nur wirklich wollen. Mir hat der Wille lange gefehlt, zu lange. Und ich habe es erst spät erkannt. Ich bin dankbar, dass es nicht zu spät war.

TAPFERKEIT – STARK SEIN IN JEDER LEBENSLAGE

Tapfer sein heißt Leid zu ertragen und durchzuhalten, auch wenn damit negative Konsequenzen für einen selbst verbunden sind. Im religiösen Verständnis bedeutet es auch, dem Bösen zu widerstehen. Das umfasst sowohl das Böse, das ein Teil des eigenen Charakters ist, als auch das Böse im gesellschaftlichen Umfeld. Ein tapferer Mensch muss nicht frei von Angst und Furcht sein, lässt sich aber von ihr auf seinem Weg nicht beirren. Er steht für seine Überzeugungen auch gegen Widerstände ein.

Viele werden sich an Samuel Koch erinnern, den jungen Mann, dessen Leben sich bei einem Auftritt in der TV-Sendung „Wetten, dass ..?" für immer veränderte. Er war mit seiner Publikumswette das Highlight des Abends. Thomas Gottschalk interviewte den kommunikativen, lebensbejahend wirkenden jungen Kandidaten, der auf Spezial-Sprungstelzen herannahende Autos überspringen wollte. Doch dann kam es zu einem Unfall mit schwerwiegenden Folgen: Samuel verletzte sich schwer, zog sich eine hohe Querschnittlähmung zu und ist seitdem auf einen Rollstuhl angewiesen.

Die Art und Weise, wie Samuel Koch mit diesem Schicksalsschlag umgeht, wie er trotz der Leiden, die sich für ihn in Folge des Unfalls ergaben, seinen Lebensmut behalten oder wiedergewinnen konnte, beeindruckt mich zutiefst. Wie er heute mit Auftritten und Buchveröffentlichungen versucht, anderen Menschen Mut zu machen, die ein vergleichbares Schicksal ertragen müssen, ist für mich ein großartiges Beispiel gelebter Tapferkeit angesichts großer Hindernisse.

Eine ähnliche Vorbildfunktion im Hinblick auf Tapferkeit besitzt die ehemalige Bahnradweltmeisterin Kristina Vogel. Sie erlitt bei einem Sturz im Training ebenfalls eine Querschnittlähmung. Auch sie ging mit dieser Tatsache offen, optimistisch und tapfer um und wurde zum Vorbild für viele, die ein ähnliches Schicksal teilen müssen. Und sie ist das kritische Spiegelbild für all diejenigen, die über nichtige Kleinigkeiten lamentieren, als seien es gewaltige Schicksalsschläge.

Joachim Schoss, Gründer von *ImmobilienScout24*, verlor bei einem Motorradunfall während einer Urlaubsreise in Südafrika seinen rechten Arm und sein rechtes Bein. Er lag Wochen auf der Intensivstation einer Klinik: Während einer Notoperation hatte er eine Nahtoderfahrung; die Ärzte hatten ihn bereits aufgegeben. Während er in der Klinik um sein Überleben kämpfte, verkauften seine Geschäftspartner das gemeinsame Unternehmen. Als Schoss schließlich in die Schweiz zurückgekehrt war, trennte sich seine Frau von ihm. Er hat all dies nicht nur überstanden, sondern die Kraft gehabt, wieder etwas Neues zu beginnen: Er gründete eine Stiftung für behinderte Menschen und fand privat sowie beruflich neues Glück.

Auch Wolfgang Schäuble und Oskar Lafontaine sind eindrucksvolle Beispiele für Tapferkeit im Umgang mit einem Schicksalsschlag. Beide wurden Opfer von Attentaten, beide meisterten die dabei erlittenen Traumata und die nachfolgende Begrenzung ihrer Lebensqualität mit großer Tapferkeit.

Sie alle verbindet, dass sie schwierige oder schmerzhafte Situationen aushalten, auch wenn sie mit Nachteilen verbunden oder von Rückschlägen gekennzeichnet sind. Mit Tapferkeit verbindet sich deshalb auch eine Leidensfähigkeit.

Das gilt für Leistungssportler, die sich durch einen Schicksalsschlag plötzlich mit veränderten Lebensumständen arrangieren und die Herausforderung der Neugestaltung annehmen. Es gilt aber auch für Situationen, in denen Menschen Leid ertragen müssen, das eine Folge unserer modernen Kommunikationsgesellschaft ist. Menschen, die trotz permanenter öffentlicher Kritik, Häme und Rückschlägen nicht aufgeben und für ihre Überzeugungen einstehen, sind ebenfalls tapfer.

Der Wettermann und Moderator Jörg Kachelmann mag hierfür ein prominentes Beispiel sein oder auch der Geschäftsmann Richard Orthmann, der bei seiner Rückkehr aus Florida am Münchner Flughafen verhaftet und für mehr als 60 Tage unter lauter medialer Begleitmusik in Untersuchungshaft genommen wurde. Das strafrechtliche Ermittlungsverfahren gegen ihn wurde schließlich eingestellt, den Vorwürfen fehlte jegliche Grundlage. Richard Orthmann war nicht nur während der 67 Tage Untersuchungshaft, die er unschuldig ertrug, tapfer. Er geht bis heute tapfer mit dem Erlebten um, weil er trotz allem, inklusive der öffentlichen Vorverurteilungen, nicht verbittert ist.

Tapferkeit und Leidensfähigkeit sind nicht jedem gleichermaßen gegeben. Man kann sich diese aber erarbeiten. Konflikten und schwierigen Situationen aus dem Weg zu gehen scheint allerdings der leichtere Weg, vor allem auch am Arbeitsplatz. Dort Tapferkeit und Leidensfähigkeit bei Auseinandersetzungen aufzubringen, ist für viele eine zu große Herausforderung. Wer stemmt sich schon gern in einer kritischen Diskussion mit seiner Einzelmeinung dem Chor der Stimmen der Kollegen entgegen? Wer hält schon ohne Not dagegen, wenn ausgerechnet der Chef Ansichten verkündet, die der eigenen diametral entgegenstehen?

Ich habe nicht viele Kollegen in dieser Rolle erlebt, aber vor allem einen schätze ich für seine geradlinige – und tapfere – Haltung sehr. Als damals mein Ausscheiden bei Bertelsmann den Vorstandskollegen in einer Telefonkonferenz mitgeteilt wurde, war Klaus Eierhoff der Einzige, der diese Entscheidung kritisierte, während die anderen Kollegen schwiegen. Was die Gründe waren, vermag ich nicht zu beurteilen.

Die Konsequenzen für seine tapfere Haltung bekam Klaus Eierhoff kurz danach zu spüren: Nur wenige Wochen nach seiner Kritik im Rahmen der Telefonkonferenz wurde ihm unmissverständlich nahegelegt, dass er aus dem Vorstandsamt auszuscheiden habe. Klaus wusste, worauf er sich mit seiner Kritik einließ. Er tat es dennoch, stand zu seiner Überzeugung und zu seinen Werten und nahm die Konsequenzen in Kauf. Ein kollegiales Beispiel für Tapferkeit.

MUT

Verwandt mit der Tapferkeit ist der Begriff des Mutes, beide werden häufig auch verwechselt. Im Unterschied zur Tapferkeit, deren wichtigste Eigenschaft die Leidensfähigkeit ist, wird der Mut mit Kühnheit in Verbindung gebracht. Mut und Kühnheit sind – gepaart mit der Klugheit – wichtige Eigenschaften, wenn Veränderungen bewirkt werden sollen.

Öffentliche Diskussionen und juristische Verfahren führen dazu, dass in deutschen Managementetagen nicht nur die Tapferkeit fehlt, sondern häufig auch der Mut, kühne Entscheidungen zu treffen. Lieber richtet man sich nach dem Mainstream und passt sich an, als unnötig Risiken einzugehen und vielleicht eine Angriffsfläche zu bieten. Das ist der Innovation ganz sicher nicht zuträglich.

Neuerung braucht auch Wagemut und ebenso Visionen, bisweilen auch kühne. Vor allem im Bereich neuer Technologien. Der Erfolg von Jeff Bezos und Bill Gates beruhte auf vielen Faktoren; ganz besonders aber auch auf der Tatsache, dass sie kühne oder mutige Entscheidungen zu einem Zeitpunkt trafen, als erst sehr wenige verstanden, welches Potenzial und welche Kraft die Digitalisierung hatte, und noch kaum jemand ahnte, wie sehr sie in Zukunft unser tägliches Leben verändern würde. Bezos und Gates hingegen waren fähig, diese Veränderungen zu antizipieren und mit kühnen Entscheidungen bahnbrechende Entwicklungen einzuleiten.

Auch die Tapferkeit hat Mitspieler an ihrer Seite. Eng mit ihr verbunden sind Stärke, Bedeutung und Würde. Die Stärke ist die erste und offensichtlichste Eigenschaft, doch sie wird erst durch die Wechselwirkung mit den anderen Anteilen zu einer wirklich wertvollen Eigenschaft. Ich lernte im Laufe meiner Karriere viele Menschen kennen, denen ich ohne Frage Stärke attestierte. Stärke allein bedeutet aber noch lange nicht, dass man in Krisensituationen Tapferkeit beweist oder seine Würde zu wahren imstande ist.

Auch mir selbst würden sicher die meisten Menschen in meinem Umfeld Stärke attestiert haben. Doch fehlte es mir bisweilen an Tapferkeit, wenn Zivilcourage und Charakter gefragt waren. Ich hatte Angst vor den damit möglicherweise verbundenen Konsequenzen: Verzicht auf einen Karriereschritt, Liebesentzug des Mentors, Ächtung durch das soziale Umfeld, das mich umgab.

Wenn ich heute auf mein Verhalten in der Vergangenheit zurückblicke, hätte ich Mentor und Konzernherren gegenüber früher und mutiger kommunizieren müssen, dass ich einige ihrer Verhaltensweisen und Haltungen ablehnte. Stattdessen hatte ich Zustimmung signalisiert oder ihr Verhalten sogar kopiert. Ich hätte in Diskussionen immer meine eigene Position vertreten und für meine Überzeugungen eintreten sollen, auch wenn dies meiner weiteren beruflichen Entwicklung geschadet hätte. Ich hätte Entscheidungen ablehnen sollen, die von mir erwartet wurden, die aber eigentlich mit meinem Wertekompass nicht vereinbar waren. Ich hätte denen, die mich wiederholt verletzten, offen ins Gesicht sagen sollen, was ich von ihnen denke.

Bei *Arcandor* hätte ich der Konzernherrin deutlich machen müssen, dass sie nicht aus persönlicher Gier alles auf eine Karte setzen darf, als sich ihr die Möglichkeit bot, ihr gesamtes Aktienpaket mit einem Milliardengewinn zu verkaufen. Doch Gier und Machtstreben ließen sie an ihren Aktien, die sie zum Teil mit Fremdmitteln erworben hatte, hartnäckig festhalten. Und ich hätte wichtige Restrukturierungsentscheidungen, die für die Gesundung des Konzerns notwendig waren, noch konsequenter und mutiger vorantreiben und gegenüber den Gewerkschaften vertreten müssen. Das war damals eine Herausforderung, für die man heute als Manager weder Tapferkeit noch Heldentum braucht, um sich mit den Gewerkschaften in der Arbeitsplatzfrage auseinanderzusetzen.

Es hat mir ganz sicher in vielen Situationen an Tapferkeit gemangelt. Eines kann ich heute allerdings mit Gewissheit feststellen: Als ich am Tiefpunkt meines Absturzes sinnbildlich am Boden lag, als ich bei meiner Inhaftierung und der Leibesvisitation nackt vor den Augen der Justizmitarbeiter an die Wand gelehnt stand, hat man mir auch in dieser Situation eines nicht nehmen können: meine Würde.

GERECHTIGKEIT

Sowohl im Alten wie auch im Neuen Testament wird die Gerechtigkeit als das höchste Gut verstanden, das der Mensch anstreben kann. Platon und Aristoteles sahen die Gerechtigkeit ebenfalls als die höchste aller Tugenden an, und während sie für Platon eine Frage der inneren Einstellung und zugleich eine der Kardinaltugenden war, betonten Aristoteles und ebenso Thomas von Aquin, dass Gerechtigkeit stets in Bezug auf andere zu denken sei.

Im Rahmen des gesellschaftlichen Verständnisses wird heute vor allem eine zwischenmenschliche Gerechtigkeit wahrgenommen – oder vermisst. Immanuel Kant nahm auf diese Ausprägungen von Gerechtigkeit und Ungerechtigkeit folgendermaßen Bezug: Das meiste Elend der Menschen sei nicht schicksalhaft, sondern gründe im (empfundenen) Unrecht, erklärte er.

TOPMANAGER UND SOZIALE GERECHTIGKEIT

Was bedeutet das heute für unsere Überflussgesellschaft? Jochen Brühl, der Vorsitzende der „Deutschen Tafeln", die überschüssige Lebensmittel an Bedürftige verteilt, weist auf den grundsätzlichen Zusammenhang zwischen Überfluss und Bedürftigkeit hin. Für ihn steht es außer Frage, dass dem Überfluss, in dem wir leben, die Bedürftigkeit gegenübersteht.

Was also können, was müssen wir tun, damit daraus keine Ungerechtigkeit erwächst? Stellen sich Manager und andere Eliten ihrer gesellschaftlichen Verantwortung für eine Entwicklung, die als die Kehrseite der sozialen Marktwirtschaft direkt oder indirekt auch eine Folge ihres eigenen Handelns ist?

Wer am unteren Ende unserer sozialen Sicherungssysteme lebt, hat heute keine Lobby. SPD und Linke konzentrieren sich eher auf die bürgerliche Mitte, die immer zahlreicheren bedürftigen Rentner sind für sie offensichtlich keine ausreichend potente Wählerklientel. Knapp 600 000 Rentner sind bereits heute auf staatliche Fürsorge angewiesen. Ein Zustand, der besonders für jene demütigend ist, die ihr Leben lang gearbeitet haben.

Betrachtet man diese Entwicklung in die Zukunft hinein, wird deutlich, dass wir auf einer Zeitbombe sitzen. Während heute das Verhältnis Beschäftigte zu Rentnern noch 3:1 beträgt, wird es in 2060 nur noch 1,3:1 sein. Die Rente wird nicht erst dann nicht mehr finanzierbar sein. Die Aussage „Die Renten sind sicher" war eine der fatalsten Fehleinschätzungen der neueren Geschichte.

Geradezu grotesk im Gegensatz hierzu muten die Pensionswerke verschiedener Großkonzerne an, die ihre Führungskräfte auf Lebzeiten mit stattlichen Pensionen ausstatten, deren Dotierung und Höhe oft schwer nachzuvollziehen sind. Topmanager haben ohne Frage einen Anspruch auf leistungsgerechte und wettbewerbsfähige Vergütung – auch im internationalen Vergleich. Wer Verantwortung übernimmt und seine Ziele erreicht, soll auch angemessen verdienen. Dabei sollte man aber annehmen, dass diese überproportional hohen Einkommen dann auch ausreichen, um eine angemessene Altersvorsorge sicherzustellen. Wer bis zu 10 Millionen Euro im Jahr verdient, sollte einen Teil seines Einkommens für eine adäquate Altersvorsorge einsetzen können.

Hierzulande ist es allerdings üblich, dass Topmanager neben ihrem hohen Einkommen zusätzliche Pensionszusagen erhalten, die in ihrem Umfang beispiellos sind: Eine monatliche Pension in Höhe von 300.000 Euro ist keine Seltenheit – fürs Nichtstun wohlgemerkt. Dies wird bisweilen vor dem Wechsel in den

Ruhestand auch noch mit einem ansehnlichen Paket an Stock Options in Millionenhöhe versüßt.

Das ist unter sozialen Gesichtspunkten nicht zu rechtfertigen. Weder ist hier der Gedanke der sozialen Marktwirtschaft die Grundlage noch wird es in anderen Ländern so praktiziert. Vorstände und Aufsichtsräte der Deutschland AG haben sich dieses komfortable Auskommen einhellig gesichert.

Statt also populistisch über eine Deckelung der Bezüge von Wirtschaftsführern zu debattieren, sollte besser die Deckelung von Pensionsvereinbarungen beschlossen werden. Ist es nicht noch immer sehr auskömmlich, von einer Pension in Höhe von 80.000 Euro im Monat zu leben? Der eingesparte Betrag in einer Höhe von bis zu Dreiviertel der Bezüge könnte dann in einen sozialen Rentenausgleichsfonds fließen und würde Tausenden ein würdevolles Leben im Alter ermöglichen.

UNGERECHTIGKEIT NICHT HINNEHMEN

Wir sind also zum Handeln aufgefordert. Der Gerechtigkeitsbegriff, wie wir ihn heute verstehen, kann nicht passiv bleiben. Wenn man einen Zustand von Ungerechtigkeit festgestellt hat, wie ich ihn im Kapitel über den Zorn beschrieben habe, müssen alle Bemühungen aufgebracht werden, um ihn zu beseitigen. Wer diese Pflicht verletzt, macht sich selbst ebenfalls der Ungerechtigkeit schuldig.

Diese Verantwortung tragen wir alle. Sie gilt auf gesellschaftlicher Ebene wie auch im Bereich des Wirtschaftslebens. Ein Manager, der Ungerechtigkeit in seinem Unternehmen duldet, ohne sie zu beseitigen, verletzt seine Pflicht und missachtet auch seine gesellschaftliche Verantwortung.

Wie steht es um die Verteidigung dieses höchsten Gutes in deutschen Chefetagen? Regiert in unseren Unternehmen wirklich die Gerechtigkeit? Oder wird Ungerechtigkeit als Kavaliersdelikt oder Kollateralschaden hingenommen oder gar im Rahmen der Machtausübung bewusst herbeigeführt? Haben Führungseliten nicht auch über ihr Unternehmen hinaus eine Vorbildfunktion? Müssen sie nicht auch auf gesellschaftliche und soziale Missstände und Ungerechtigkeiten hinweisen? Sicher gibt es herausragende Beispiele derer, die sich hier engagieren und Zivilcourage beweisen. Es ist allerdings noch reichlich Raum für Verbesserungen.

Wie groß ist aber überhaupt das Interesse, sich mit dieser Art Folgen von so manchen Gewinnmaximierungsbestrebungen auseinanderzusetzen? Über den Rand des eigenen Unternehmenskosmos hinauszublicken und auch jene wahrzunehmen, die sich jenseits der eigenen Wertschöpfungskette bewegen? Die Tugend der Gerechtigkeit fordert von jedem Einzelnen, einen individuellen Beitrag für die Beseitigung von Ungerechtigkeiten zu leisten, soweit es ihm möglich ist.

Ich habe diese Fragen leider jahrzehntelang verdrängt. Andere haben es besser gemacht: Ted Turner beispielsweise, der Gründer des amerikanischen Nachrichtensenders CNN, hatte anlässlich seines Geburtstages eine Rede gehalten. Völlig ungeplant und ganz spontan entschloss er sich während der Rede, einem inneren Anliegen zu folgen: Er habe so viel Glück in seinem Leben erfahren, sagte er, dass er sich in diesem Moment entschlossen habe, der UNO eine Milliarde US-Dollar zu spenden. Er wolle mit dieser Spende die Armut und die Ungerechtigkeit in dieser Welt bekämpfen, ließ er die Anwesenden wissen.

Bill und Melinda Gates sind ein anderes Beispiel für diese Haltung; auch sie sind bestrebt, Ungerechtigkeiten auf gesellschaftlicher Ebene zu bekämpfen. Sie haben in den zurückliegenden

Jahrzehnten weltweit, vor allem aber in Afrika, Milliardensummen in die Beseitigung sozialer und medizinischer Missstände investiert.

Ebenso der ehemalige Puma-Chef Jochen Zeitz, der in Südafrika karitativ und als Mäzen tätig ist; oder der verstorbene Schuhhändler Heinz-Horst Deichmann, der unter anderem Lepra-Stationen in Indien finanzierte. Diese operativen Stiftungen sind wirklich mit dem Ziel gegründet worden, Missstände zu beseitigen. Und nicht wie bei uns so oft zum Zwecke der Steuerersparnis und der Beibehaltung der Unternehmenskontrolle.

GERECHTIGKEIT UND UNTERNEHMENSKULTUR

Häufig ist individuelle Willkür eine Ursache für Ungerechtigkeit. Ich erinnere mich an einen Management-Kongress bei Bertelsmann, auf dessen Abschlussveranstaltung ich in meiner Rede vor Führungskräften Ungerechtigkeit und Willkür im Konzern thematisierte. Einzelne Unternehmensbereiche wurden damals fast „despotisch" geführt. Ich würde dieses Verhalten unserer Führungskräfte in Zukunft nicht mehr akzeptieren, so meine Botschaft. Wer selbst angesichts überragender geschäftlicher Leistungen dennoch die Führungskultur des Unternehmens nicht akzeptierte und sich willkürlich verhalte, würde das Unternehmen verlassen müssen.

Die Reaktionen auf meine Rede überraschten mich. Ich hatte mit Unmut gerechnet und mit Widerspruch. Nicht aber mit dieser Form der Zustimmung und Emotionalität. Nach dem Ende des Kongresses wendeten sich viele Manager persönlich oder per E-Mail an mich und baten um Hilfe. Sie schilderten mir Fälle gravierenden Fehlverhaltens ihrer Vorgesetzten, Fälle von Willkür und Ungerechtigkeit.

Ein junger Nachwuchsmanager besuchte mich am Sonntagnachmittag in meinem Privathaus, er hatte mich zuvor telefonisch dringend um ein persönliches Gespräch unter vier Augen gebeten. Wir saßen uns im Kaminzimmer gegenüber, und er schilderte mir, wie er von seinem Vorgesetzten, der damals den Bereich der Fachinformation bei Bertelsmann leitete, gemobbt, tyrannisiert und willkürlich behandelt wurde. Der Mitarbeiter, den ich als kontrollierten und analytischen jungen Mann kannte, wurde von seinen Emotionen überwältigt. Einen solchen Missstand zu ignorieren ist unklug und unmenschlich.

EHRLICHKEIT

Die Gerechtigkeit hat ebenfalls mehrere Teilaspekte, ihr werden auch Tugenden wie Rechtschaffenheit und Ehrlichkeit zugeordnet. Von ihnen ist der Begriff der Ehrlichkeit wohl der am meisten strapazierte und am weitesten ausgelegte. Dabei geht es nicht nur um die eigene Ehrlichkeit, sondern auch um den Mut, einen Mangel an Ehrlichkeit zu benennen, wo er Schaden anrichtet.

Für einen Mangel an Ehrlichkeit, den Firmen im Hinblick auf die eigene Historie an den Tag legen, gibt es zahlreiche Beispiele. Zuletzt stand die Familie Bahlsen in diesem Kontext im Blickpunkt der Öffentlichkeit. Verena Bahlsen, die für die neue Generation des Familienunternehmens die Geschäfte verantwortet, hatte öffentlich bekundet, die Zwangsarbeiter, die während der Nazi-Zeit vom Unternehmen beschäftigt worden waren, seien „gut behandelt worden".

Offensichtlich fehlt noch immer allzu oft die Erkenntnis, dass eine ehrliche und schonungslose Bestandsaufnahme der eigenen

Fehler in der Vergangenheit unerlässlich ist. Der zeitgeschichtlichen Aufarbeitung der eigenen Verantwortung darf sich kein Unternehmen in Deutschland entziehen. Und schon gar nicht darf versucht werden, eine eigene Geschichtsschreibung vorzunehmen und mithilfe von Legendenbildung ein Bild in der Öffentlichkeit zu zeichnen, das nur in geringen Teilen der Realität entspricht. Gerade in diesen Fällen ist es die Aufgabe eines jeden, den Mut aufzubringen, diesen Mangel an Ehrlichkeit zu thematisieren.

Nachdem ich als junger, designierter CEO von Bertelsmann das in New York ansässige Verlagshaus *Random House* übernommen hatte, den größten englischsprachigen Verlag weltweit, rückte unerwartet die Historie des Hauses Bertelsmann in den Blickpunkt der Öffentlichkeit. Kurz nach der Übernahme hielt ich eine Rede anlässlich der Verleihung des *Vernon Walters Award*, der mir für meine Bemühungen um die deutsch-amerikanische Freundschaft überreicht wurde.

Die Kommunikationsabteilung des Konzerns hatte wie so oft die Rede verfasst. Sie thematisierte die Historie von Bertelsmann im Dritten Reich analog zu den Darstellungen in einer Festschrift, die der Firmenpatriarch Reinhard Mohn zum Jubiläum abgesegnet hatte. Die Botschaft lautete im Kern: Bertelsmann sei von den Nationalsozialisten wegen seines kritischen Verlagsprogramms geschlossen worden.

Meine Ausführungen zur Unternehmensgeschichte blieben nicht ohne Folgen. Hersch Fischler, ein ebenso renommierter wie kritischer jüdischer Journalist, griff sie auf und hinterfragte sie. Seine Recherchen förderten eine gänzlich andere Wahrheit über die Rolle von Bertelsmann während der Nazi-Zeit zutage. Sie waren nicht nur für das Image des Unternehmens an der amerikanischen Ostküste nicht eben förderlich. Bertelsmann musste sich unangenehmen Fragen stellen, zumal ein hoher Prozentsatz der bei Random House in den USA beschäftigten Mitarbeiter und Führungskräfte jüdischen Glaubens sind ...

Die Presseabteilung des Konzerns versuchte vergeblich, die kritische Berichterstattung zu unterbinden. Erst nach heftigen Auseinandersetzungen kam es zu einem persönlichen Treffen zwischen Fischler und mir. Die Qualität seiner Recherchen bestätigten meinen Verdacht, dass die Geschichtsschreibung des Unternehmens hinsichtlich der eigenen Rolle sowie der des Vaters von Reinhard Mohn pure Legendenbildung war.

Ich bat daraufhin Saul Friedländer, einen international anerkannten Historiker und Pulitzer-Preisträger, eine unabhängige historische Kommission zu gründen und die Geschichte des Hauses Bertelsmann während der Nazi-Zeit aufzuarbeiten. Reinhard Mohn war von dieser Entscheidung nicht begeistert, verhinderte sie aber auch nicht.

Das Ergebnis der Untersuchung fiel wenig schmeichelhaft aus, weder für mich als CEO, der in den USA zuvor seinen Konzern stolz als „Widerstandsverlag" präsentiert hatte, noch für das Unternehmen selbst und schon gar nicht für die Familie Mohn: Bertelsmann wurde von den Nazis nicht etwa wegen eines kritischen Verlagsprogramms geschlossen, sondern wegen einiger „Papierschiebereien" kurz vor Ende des Zweiten Weltkrieges. Bertelsmann hatte auch wirtschaftlich nicht etwa unter den Nationalsozialisten gelitten, sondern im Gegenteil während der Nazi-Zeit ein phänomenales Wachstum erzielt: Das Unternehmen produzierte als Auftragnehmer der deutschen Wehrmacht Unterhaltungsliteratur für die kämpfenden Soldaten. Das Verlagsprogramm umfasste dabei auch eindeutig antisemitische Publikationen.

In der Folge hatte Bertelsmann nach dem Ende des Zweiten Weltkrieges große Schwierigkeiten, eine neue Verlagslizenz von den britischen Besatzungsbehörden zu erhalten, unter anderem, weil der Vater von Reinhard Mohn ein Mitglied im Freundeskreis der NSDAP gewesen war. Daraufhin beantragte der junge Reinhard Mohn anstelle seines Vaters die Lizenz. Der Lizenzantrag wies dabei Ungereimtheiten auf, um es zurückhaltend auszudrücken. All dies und noch sehr viel mehr wiesen Saul Friedländer und seine Kommission zweifelsfrei nach.

Der Begriff Ehrlichkeit mutet wie Hohn an angesichts dieser Legendenbildung. Ich hätte ohne Frage damals den Mut haben müssen, Reinhard Mohn mit diesen Verfälschungen der Fakten zu konfrontieren. Gerade der Eigentümer eines Medienunternehmens kann nicht für sich eine eigene Geschichtsschreibung beanspruchen. Und schon gar nicht darf man sich zu etwas stilisieren, dessen genaues Gegenteil man war: einem Widerstandsverlag.

Ich habe damals diesen Mut nicht aufgebracht. Und ich bereue es bis heute, dass ich nicht versucht habe zu verhindern, dass sich die Unehrlichkeit des Konzerns und seines Inhabers im Umgang mit der eigenen Geschichte fortsetzte.

Doch ich bin vielleicht nicht der Einzige, der sich fragen muss, warum er sich nicht ausreichend für den aufrichtigen Umgang mit der Unternehmenshistorie eingesetzt hat. Ungefähr zehn Jahre nach der Veröffentlichung der Kommissionsergebnisse ließ die Ufa, eine Tochter der von Bertelsmann kontrollierten RTL-Group, einen Film zu Ehren von Reinhard Mohn produzieren, der entscheidende Sequenzen seines privaten (Doppel-)Lebens aussparte. Dieser Film wurde auf einem Management-Kongress des Hauses präsentiert und von den Führungskräften, unter ihnen Chefredakteure der führenden Magazine und TV-Sender, mit wohlwollendem Applaus bedacht. Keiner hatte den Mut, ähnlich wie ich zehn Jahre zuvor, diese Form der Faktenverfälschung zu thematisieren. Doch ein Denkmal, mag es noch so verdient sein, ist auf brüchigem Fundament gebaut, wenn es auf Unehrlichkeit gründet.

DEMUT

Vielleicht ist es gerade die Demut, die in unserer von Leistung und Konsum geprägten Gegenwart am ehesten in Vergessenheit gerät, aber für unser Miteinander und ein erfülltes Leben so ungeheuer wichtig ist.

Wir kennen die Demut vor allem im christlichen Sinne, hier bezeichnet sie die Haltung des Geschöpfes zum Schöpfer, das bereit ist anzuerkennen, dass es etwas Höheres, Unerreichbares über ihm selbst gibt, ähnlich dem Verhältnis vom Knecht zum Herrn. Aus dieser Vorstellung entspringt wohl auch die Assoziation, dass Demut etwas mit „sich klein machen" zu tun hat. Direkt übersetzt bedeutet das althochdeutsche Wort *diomuoti* aber „dienstwillig", also eigentlich „Mut zum Dienen" oder „Bereitschaft zur Unterordnung".

Übertragen auf unseren Alltag bedeutet Demut, sich selbst nicht wichtiger zu nehmen als die Mitmenschen, diesen stets mit Respekt zu begegnen, ihnen dienen zu wollen und alles in Dankbarkeit für die Fähigkeit zu tun, es überhaupt selbstbestimmt tun zu können.

Der Kontrapart der Demut ist der Hochmut – die schon erwähnte Todsünde des Stolzes. Den längsten Teil meines Lebens hatte Demut keine Bedeutung für mich, ich erkannte ihren Wert nicht. Viele Jahre war Hochmut eine Eigenschaft, von der ich mich (ver)leiten ließ; manchmal war es Stolz, der zu einer hochmütigen Ausdrucksform führte, oder auch Unsicherheit, vielleicht auch eine fatale Mixtur aus beidem.

Erst mit meiner Verurteilung und der nachfolgenden Haft erhielt ich die Gelegenheit zu erfahren, welche menschlichen Gefühle aus einer wahrhaft demütigen Haltung erwachsen können. Und ich lernte, was Demut bedeutet und wie wichtig sie für ein erfülltes und auch glückliches Leben ist.

Ein wichtiger Wendepunkt meines Lebens, auf den ich daher mehrmals in diesem Buch zu sprechen komme, begann auch in dieser Hinsicht, als ich als Freigänger in den Bodelschwinghschen Werken in Bielefeld meinen Dienst ableistete. Den Menschen mit Behinderungen in der Werkstatt zu begegnen, zu erleben, wie das, was wir, oft mit Missachtung, als inakzeptables Handicap sehen, für sie ein völlig natürlicher Teil ihrer Lebenswelt ist, verschiebt das eigene Koordinatensystem. Sie erfüllen ihre Aufgaben mit Engagement, sie gehen mit Vorlieben und Abneigungen unge-schönt offen um, sie sagen, was sie denken, und zeigen, was sie fühlen. Niemand kommentiert etwas hinter dem Rücken eines anderen, Intrigen und rücksichtsloses Verhalten sind hier un-bekannt. Die Menschen in der Behindertenwerkstatt sind dank-bar für Zuwendung und Hilfe und zeigen das auch, sie schenken menschliche Wärme, ohne darüber nachzudenken, ob es für sie zum Vor- oder Nachteil gereichen könnte.

Mit welchem Recht maßen wir uns nur so oft an, uns Men-schen mit Behinderungen überlegen zu fühlen? Ich erlebte diese Welt und fühlte tiefe Dankbarkeit für alles, was Gott mir für mein Leben mitgegeben hatte; und dafür, dass ich hier lernte, was wirk-lich von Bedeutung ist. Diese Erkenntnis verschob alle Prioritäten und Ziele, die ich bis dahin verfolgt hatte.

Vielleicht ist diese Erfahrung die wichtigste meines Lebens. Auf jeden Fall bin ich der festen Überzeugung, dass ein Praktikum in einer Einrichtung wie Bethel zum Standard einer jeden Führungs-kräftefortbildung werden sollte. Es würde die soziale Kompetenz und das Verantwortungsbewusstsein zukünftiger junger Leiter fördern, was ein großer Gewinn nicht nur für das Unternehmen, sondern auch für die Gesellschaft wäre.

Wenn ich heute darüber nachdenke, welche der Persönlichkeiten, denen ich in all den Jahren begegnet bin, auch auf dem Höhepunkt von Erfolg und Macht Demut gelebt und bewahrt hat, dann fällt mir allen voran Arthur Sulzberger Jr. ein. Arthur war über viele Jahre Publisher und Chairman der *New York Times*. Über fast 15 Jahre durfte ich ihn als Board-Mitglied der *New York Times* beruflich und später auch privat eng begleiten.

Arthur Sulzberger Jr. lebte eine besondere Form der persönlichen Hingabe an die *New York Times*, die sich mehrheitlich im Besitz der Familie Sulzberger befindet. Er war einer der einflussreichsten Medienschaffenden der Welt und besaß enorme mediale Macht. Dennoch wahrte er immer den Respekt vor seinen journalistischen Mitarbeitern und vor der Qualität ihrer Arbeit, wie er auch die Qualität der *New York Times* in Verantwortung für ihre Leser unablässig sicherzustellen bestrebt war.

In diesem Spannungsfeld war Arthur in der Außendarstellung zwar immer ein „stolzer" Verleger, stolz auf die renommierte Marke *New York Times* und ihren hochwertigen Inhalt. Seiner Verantwortung, die er als einer der einflussreichsten Medienschaffenden weltweit trug, war er sich stets bewusst und handelte in ihrem Sinne. Und er war deshalb vor allem auch demütig im oben beschriebenen Wortsinn.

Hier klingt schon an, dass es zwei Erscheinungsformen der Demut gibt: die innere Haltung und die äußere Erscheinung. Im Idealfall stimmen beide überein. Doch an vielen Stellen wird Demut nach außen demonstriert, ohne sie wirklich zu empfinden. Die Demut besteht dann nur zum Schein. Diese Form der öffentlich zur Schau gestellten Demut konnte ich viele Jahre auf allen gesellschaftlichen Ebenen beobachten, ob bei Wirtschaftsführern in Vorständen, Aufsichtsräten oder Beiräten, bei Politikern auf Lokal-, Landes- oder Bundesebene oder sogar in Gremien sozialer Unternehmen. Wahre Demut verkörpert für mich dagegen die Fußwaschung des Papstes an jedem Gründonnerstag. Sie ist Ausdruck einer zutiefst authentisch demütigen Haltung.

Umgekehrt kann jemand zugleich Stolz empfinden und echte innere Demut haben wie Arthur Sulzberger.

Nach Erich Fromm ist Demut eine vernünftige und objektive emotionale Haltung der realistischen Selbsteinordnung, die die Voraussetzung für die Überwindung des eigenen Narzissmus ist. Gerade bei Charakteren mit narzisstischer Prägung kommt daher der Demut eine besondere Bedeutung zu.

Narzissmus und ein selbst gewähltes öffentliches Leben Prominenter fördern sich nicht selten gegenseitig. Ob junge Fußballspieler, die im Dunstkreis von Millionenablösesummen den Realitätssinn zu verlieren drohen, oder Soap-Darsteller, die in wenig anspruchsvollen TV-Formaten ihre Bühne suchen und die Öffentlichkeit auf ihren Instagram-Accounts an Privatestem teilhaben lassen. Der öffentlichen Inszenierung fehlt meist jede Form der Demut.

Aus der Demut im Sinne eines vernünftigen, altruistisch ausgerichteten Selbstbilds wächst innere Stärke. Hochmut und Arroganz sind schlechte Ratgeber, im Opportunismus und in Beliebigkeit droht der Verlust der Orientierung.

Leider habe ich mein „Bethel-Jahr" erst mit Mitte 60 absolviert. Hätte ich diese Erfahrung in Bethel in einer früheren Phase meines Lebens gemacht, hätte ich wahrscheinlich einige Fehler nicht begangen; und ich hätte anderen weniger Enttäuschungen oder Verletzungen angetan. Andererseits frage ich mich manchmal, ob ich zu einem früheren Zeitpunkt für diese Erfahrung vielleicht noch gar nicht bereit gewesen wäre; ob der Absturz notwendig war, um meine Sinne wieder zu klären und zu öffnen. Ich selbst finde die Antwort auf diese Fragen nicht, wie sehr ich mich auch mit ihnen beschäftige. Nur Gott wird sie wohl kennen.

GLAUBE, HOFFNUNG UND LIEBE

Sie gehören zwar nicht zu den vier Kardinaltugenden, doch auf meinem Weg waren und sind auch jene drei, die als göttliche Tugenden verstanden werden, existenziell wichtig geworden: Glaube, Hoffnung und Liebe. Sie entstammen einem religiösen christlichen Verständnis, ich bin aber dennoch überzeugt, dass sie jedem Menschen wertvolle Begleiter sein können.

Ich selbst bekenne mich ausdrücklich zu meinem christlichen Glauben, respektiere aber natürlich auch alle anderen Glaubensrichtungen. Mein in der Haft wiedergefundener Glaube gab mir die Kraft, das Scheitern zu überwinden, und er schenkte mir die Hoffnung, dass es ein Leben nach diesem brutalen Absturz geben würde. Diese Hoffnung war es, die mich den Neuanfang wagen ließ, wie ich in einem späteren Kapitel noch genauer berichte.

Ohne den festen Glauben an einen liebenden Gott und dessen Führung hätte ich den Weg aus der selbst verschuldeten desolaten Situation, in der ich mich im Gefängnis wiederfand, sicher nicht gefunden. Ohne Hoffnung hätte ich nicht wieder aufstehen können, ich wäre im bildlichen Sinne am Boden liegen geblieben.

Das aktive Leben, das ich bis dahin geführt hatte, wäre in meiner letzten Lebensdekade in Verbitterung umgeschlagen und zu einem passiven Dasein geworden, in dem ich gedanklich allem und jedem Schuld an meinem Absturz gegeben hätte. Die Talente und Erfahrungen, über die ich trotz allem noch verfüge, wären ungenutzt verkümmert, ich hätte nicht mehr die Kraft und Energie gehabt, sie Dritten zur Verfügung zu stellen.

Neben dem Glauben und der Hoffnung bekam auch die Liebe für mich wieder neue Bedeutung: und zwar vor allem im Sinne der Nächstenliebe. Die Tätigkeit in der Behindertenwerkstatt von Bethel hat mir ihre Bedeutung wieder neu erschlossen. Als ich mich nicht mehr selbst als Mittelpunkt allen Geschehens wahrnahm, sah ich auch mein Umfeld plötzlich anders, ich *sah* es jetzt wirklich. Die Trägheit und Empfindungslosigkeit meines Herzens weichten auf. Statt Verbitterung begann ich Empathie zu fühlen, vor allem auch für jene, die in ihrem Leben benachteiligt sind.

Natürlich muss jeder selbst entscheiden, welchen Stellenwert welche Tugenden für ihn persönlich haben. Für mich als gläubiger Christ steht fest: Die vier Kardinaltugenden sind die Leitplanken des Lebens, die göttlichen Tugenden sind der Weg zum Leben selbst.

Wer diesem Navigationssystem folgt, hat beste Chancen auf ein dauerhaft erfülltes Leben. Es lohnt sich, diesen Weg zu beschreiten. Ich kann das so sagen, denn ich habe beide Seiten kennengelernt. Ich hatte den bequemeren Weg gewählt, ohne lästige Leitplanken, und ich habe mich auf diesem Weg selbst verloren.

6. WIE FINDE ICH DIE KRAFT, UM WIEDER AUFZUSTEHEN?

Während des mühsamen Prozesses der Aufarbeitung meines Scheiterns drängte immer wieder eine Frage an die Oberfläche meines Bewusstseins; vehement und unermüdlich: Wie würde ich jemals die Kraft aufbringen können, mein Leben neu zu ordnen, einen Neuanfang zu wagen und mich nicht aufzugeben, sondern stattdessen wieder aufzustehen?

Wer kann das von mir verlangen? Habe ich im Alter von fast 64 Jahren nicht auch ein Recht darauf, den Rest meines Lebens ohne Sorgen genießen zu können? Habe ich hierfür nicht 40 Jahre lang hart und unter erheblichen Belastungen gearbeitet?

Immer wieder führten diese und ähnliche Gedanken eine Art Eigenleben in meinem Kopf. Als ich mir kurz nach meiner Inhaftierung in meiner Zelle ein Worst-Case-Szenario ausmalte, das damals zunächst den Verlust meines Vermögens umfasste, drohte mich unendliche Hoffnungslosigkeit zu packen. Tagelang versank ich in einer mentalen Starre, und manchmal hatte ich den Gedanken, für immer in der Gefängniszelle bleiben zu können, um mich den Konsequenzen nicht stellen zu müssen.

Auch wenn das tatsächliche Ausmaß meines Scheiterns letztlich einen deutlich größeren Umfang hatte als „nur" den

Vermögensverlust, reichte dieses Schreckensszenario bereits völlig aus, um mich in Panik zu versetzen und den Glauben an die Zukunft infrage zu stellen. In diesen Momenten war ich auch der festen Überzeugung, dass ich weder über ausreichende mentale noch physische Kraft verfügte, um noch einmal von vorn beginnen zu können.

Diese Fragen und Gedanken setzten sich fest, ließen mir keine Ruhe und beeinflussten meine Stimmung zunehmend negativ. Sie waren das schwerwiegende Gegengewicht zu meinem Optimismus und drohten den Glauben an die Zukunft zu verschütten. Es dauerte eine Weile, bis mir zunächst nur unbestimmt bewusst wurde, dass diese Gedanken und die damit einhergehende Hoffnungslosigkeit jede Form einer konstruktiven Zukunftsgestaltung verhinderten und ich in dieser Verfassung die Freude am Leben niemals würde wiedergewinnen können.

Bei nüchterner Betrachtung war ich zu diesem Zeitpunkt: insolvent, unheilbar krank, vermögenslos, ein verurteilter Straftäter, der als Freigänger in Bethel arbeiten durfte, und in der Öffentlichkeit weltweit gebrandmarkt. Nicht eben die besten Voraussetzungen für einen Neustart.

Wie sollte ich wieder einen einigermaßen stabilen Zustand erreichen? Würde ich bald auf Pflege angewiesen sein? Welche Zukunft hatte ich überhaupt noch zu erwarten? Würde ich von Hartz IV leben müssen? Wer würde sich zukünftig noch öffentlich als Freund outen? Wer wäre bereit, mich zu unterstützen, wenn das gesundheitlich für den Rest meines Lebens notwendig werden sollte? Wer könnte das überhaupt finanziell leisten?

Vor meiner Inhaftierung hatte ich voller Optimismus in die Zukunft geblickt, in dieser Phase jedoch sah ich nur noch unendlich viele Herausforderungen und einen Berg an ungelösten Problemen. Die Zukunft schien in Dunkelheit gehüllt, und ein

Licht am Ende des Tunnels war für mich noch nicht einmal zu erahnen.

Diese Gedanken rollten wie Wellen über mich hinweg. Je länger dieser Prozess andauerte, umso höher schienen sich diese Wellen aufzutürmen. Manchmal drohten sie mich durch ihre schiere Wucht fortzureißen. In ihrem ständigen Kommen und Gehen begannen sie zudem meine mentalen Fundamente zu unterspülen und auch das Rüstzeug auszuhöhlen, das ich mir als Manager in den Jahrzehnten meines Berufslebens für die Bewältigung schwieriger Situationen angeeignet hatte.

Als ich mich nach der vorläufigen Entlassung aus der Untersuchungshaft schwer krank wieder in meinem Haus in Bielefeld und in meinem gewohnten Umfeld befand, steigerten sich die Ängste zunächst, und die Wellen wurden noch mächtiger. Ständig hatte ich in meinem Haus vor Augen, was ich alles durch eigenes Versagen und Verschulden verloren und verspielt hatte. Wie würde ich ohne all das zukünftig leben können?

Wie bei so vielen Menschen war es auch bei mir so, dass die materiellen Werte in der eigenen Bedürfnishierarchie sehr weit oben stehen, und vielfach wird der soziale Status durch Besitz und Errungenschaften definiert. Der Verlust des Autos, des Hauses oder anderer Besitztümer führt zu großer Scham und der Überzeugung, jedes Ansehen eingebüßt zu haben.

Das ist zwar naheliegend, aber gezwungenermaßen musste ich mich neu ausrichten. Kein Haus, keine Wohnung und kein Wagen dieser Welt sind es wert, dass man die eigene Existenz und den Wert seiner selbst ihretwegen infrage stellt oder sich dieses von Dritten antragen lässt oder gar bei ihrem Verlust Suizid-Gedanken entwickelt. Kein Scheitern ist so endgültig, dass es nicht noch eine Chance geben könnte, kein materielles Gut kann so wertvoll sein, dass es den Sinn unseres Lebens bestimmen könnte.

EIN NEUER SINN

Es dauerte eine ganze Weile, bis ich verstand, dass ich einen neuen Sinn für mein Leben finden musste. Irgendwann während des langen, schmerzhaften Erkenntnisprozesses in der Haft begriff ich: Es ist zu spät für eine Umkehr, aber es könnte noch früh genug sein für einen Neuanfang.

Mit diesem Gedanken und der beginnenden Hoffnung spürte ich, wie Glaube und Kraft in mir wuchsen. Es war wie ein innerliches Aufrichten. Als ob der Horizont sich hob und mich wieder in die Zukunft blicken ließ. Ich wusste, ich konnte den Neubeginn schaffen, ich habe Gott an meiner Seite und die Zuversicht, dass er es gut mit mir meint. Ich würde es wagen.

Der Umstand, dass ich meine Reputation verloren hatte und auch mein Vermögen, dass ich keinen Anknüpfungspunkt für eine berufliche Tätigkeit hatte und dazu auch noch schwer erkrankt war, war mir zwar sehr bewusst, aber er ließ mich nicht mehr verzweifeln. Ich begann instinktiv den Glauben daran zu verspüren, dass mir Gott einen neuen Weg zeigen, dass er mir die Kraft verleihen würde, meinem Leben auch und gerade in diesem Drama einen Sinn zu geben. Und ich war Gott dankbar für diese Chance, die ich trotz all meiner Irrwege bekam.

Langsam wuchs die Überzeugung: Egal, was mir zugestoßen war, es würde seinen Sinn haben, auch wenn ich diesen im Moment noch nicht erkennen konnte.

Auch hier begann sich ein Licht am Horizont abzuzeichnen, als ich meine Tätigkeit in Bethel aufnahm. In der Behindertenwerkstatt der Bodelschwinghschen Stiftung arbeitete ich mit Menschen, denen es deutlich schlechter ging als mir. Doch sie klagten nicht, weder über ihre Behinderungen noch über ihre Herausforderungen im Alltag; sie waren voller Gottvertrauen und

Lebensfreude, und sie empfanden vor allem große Dankbarkeit für alles, was ihnen zuteilwurde, selbst für Dinge, die mir unbedeutend erschienen.

Zum ersten Mal dachte ich hier über die Verhältnismäßigkeit meiner eigenen Empfindungen nach. Warum nahm ich mich selbst so wichtig? Warum jammerte ich wegen Kleinigkeiten herum? Warum hatte ich bisher nicht erkannt, dass andere Menschen deutlich schwerer an ihrem Leben zu tragen hatten als ich?

Es waren jetzt andere Gedanken, andere Fragen, die mich beschäftigten, auch mein Umfeld einbezogen und meine bisherige ichzentrierte Selbstwahrnehmung in ihren Grundfesten erschütterten. Sie waren wie Buhnen, an denen sich die Wellen meines Selbstmitleids brachen. Und sie wurden immer wirksamer, je mehr Zeit ich in Bethel verbrachte; nur noch hin und wieder erreichten mich kleine, kraftlose Ausläufer der früheren Gedanken.

Die Buhnen wurden zu einem Schutzwall, der mir eine neue Sicherheit gab. Er gründete nicht, wie in der Vergangenheit so vieles, auf meiner Selbstwahrnehmung, sondern er formte sich aus etwas Größerem. Es war das Erlebnis einer neuen Form des Miteinanders mit Menschen, die deutlich mehr ertragen mussten als ich und die dennoch positiv und mit Freude durch ihr Leben gingen und mich mittrugen. Es war ein Miteinander, das jeden einzelnen unter vielen stark sein ließ. Es war, als würde mir vor Augen geführt, dass auch ich meine Stärke wiederfinden und den Neuanfang schaffen kann. Ich musste nur die alten Kriterien und Insignien loslassen und mich an neuen Perspektiven ausrichten.

Der erste Schritt hin zu einem Neubeginn nach einem Scheitern ist also derjenige, der die Sichtweise der eigenen Situation im positiven Sinne relativiert. Es ist die schon beschriebene Kardinaltugend der Demut. Sie beinhaltet die Erkenntnis: Nicht ich bin der Nabel der Welt. Nicht das, was ich zu tragen habe, ist die schwerste Last. Anderen Menschen wird deutlich mehr an Verzicht, Schmerz und Entsagung abverlangt. Dieser Schritt hilft, den Wall zu bauen gegen die Übermacht der negativen Gefühle.

Zur Demut gehört auch die Erkenntnis, dass es eine höhere Macht über mir gibt und ich auch in Zukunft auf Gottes Hilfe vertrauen kann. Er wird mich führen, mit seiner Hilfe und den mir gegebenen Fähigkeiten werde ich mir neue Lebensziele und Aufgaben erschließen.

Mit diesem wachsenden Vertrauen entwickelt sich auch wieder der Glaube an eine neue, positive Zukunft und mit ihm der Wille, sie zu gestalten. Die Gewissheit reift, dass man über ausreichende Kraftreserven dafür ebenso verfügt wie über die mentale Stärke. Ganz gleich, wie hoch und steil der Berg erscheinen mag, den man vor sich sieht, ob es ein sanfter Hügel oder die Eiger-Nordwand ist, die man zu neuem Glück bezwingen muss – ich weiß, ich kann es schaffen.

Diese Erkenntnisse wurden auch mir erst in der Ex-post-Betrachtung auf diese Weise so klar. Manchmal erkennen Dritte die Dinge viel deutlicher. Ein Professor einer renommierten deutschen Universität schrieb mir überraschend. Seine Analyse meiner Entwicklung verblüffte mich in ihrer Klarheit. Er schrieb unter anderem: „Wenn ich es richtig verstehe, haben Sie nach Ihrem Fall in die Grube etwas sehr Kluges gemacht, indem Sie die Strafe zu Ihrer Wandlung verwendet haben."

STRATEGIEN FÜR EINEN NEUANFANG

Wer den Entschluss gefasst hat, noch einmal neu beginnen zu wollen, dem gebührt zuallererst großer Respekt! Denn diesem Entschluss ist ein langwieriger und zumeist schmerzhafter Prozess der Aufarbeitung eigener Fehler vorausgegangen, der auch eines deutlich gemacht hat: Leicht wird es nicht.

Was kann ich tun, um die Kaft für einen Neuanfang zu finden? Welches sind die Instrumente, die mir helfen, auf diesem Weg mit Rückschlägen fertig zu werden? Wie verhindere ich soziale Isolation, wie baue ich ein neues Beziehungsumfeld auf? Das sind die Fragen, denen man sich nun stellen muss.

Die gute Nachricht ist: Wir können die Dinge, die nun vor uns liegen, steuern. Dafür ist es wichtig, sich konzeptionelle Gedanken über die Ausgestaltung des Neuanfangs zu machen.

Jeder Neuanfang nach einem Scheitern, ganz gleich in welchem Bereich es stattgefunden hat, stellt uns vor große Herausforderungen und macht Veränderungen in unserem bisherigen Leben notwendig. Und vor allem anderen steht die schonungslose Selbstanalyse. Ob eine Ehe gescheitert ist oder eine Karriere, ein Lebenstraum oder eine Vermögensanlage, immer müssen wir alte Verhaltensmuster loslassen und bereit sein, Dinge anders zu sehen und zu handhaben, als es unserer bisherigen Gewohnheit entspricht. Ist das Scheitern wirtschaftlicher Art gewesen, führt kein Weg an einer schonungslosen Bilanz der Ursachen und der Ist-Situation vorbei, um einen Plan für einen Neuanfang machen zu können. Nach einer gescheiterten Ehe ist das Misslingen einer neuen Beziehung beinahe vorprogrammiert, wenn man eine ehrliche Aufarbeitung der vorherigen scheut.

Nicht jedem gelingt es vielleicht auf Anhieb, dies aus eigener Kraft zu schaffen. Es ist keine Schande, sondern gehört zum

Prozess der Selbsterkenntnis, wenn man sich eingesteht und akzeptiert, dass man Hilfe benötigt, und diese auch annimmt. Diese Hilfe können Freunde oder die Familie leisten, besser vielleicht Therapeuten oder Geistliche. Entscheidend ist die uneingeschränkte Bereitschaft zur Veränderung und Erneuerung; ob geistig oder räumlich, ob materiell oder immateriell.

MIT DER SCHAM UMGEHEN

Jedes Scheitern, jeder Sturz, aus welcher Höhe auch immer, ist das Ende eines zehrenden Prozesses, der Geist und Körper erheblich schwächt. Es mag vermessen klingen, entspricht aber der Realität: Wer nicht selbst gescheitert ist und diesen Prozess vollzogen hat, kann nicht ansatzweise ermessen, wie sehr er Kräfte zehrt und Energien raubt.

Wer es erlebt hat, weiß: Man fühlt sich unendlich müde und kraftlos, der Kopf scheint bisweilen nur in Zeitlupe zu arbeiten, und schon wenige Schritte, ob zum Einkaufen oder zu anderen notwendigen Erledigungen des täglichen Bedarfs, scheinen zu viel. Marc Aurel hat das sehr zutreffend so umschrieben: „Schändlich ist es, wenn deine Seele müde ist, bevor dein Leib müde ist."

Das betrifft zuerst einmal die Dauer. Jedes Scheitern ist von Beginn des Prozesses an eine enorme mentale Belastung, von den ersten Anzeichen einer Fehlentwicklung bis zur Bereitschaft, einen Neuanfang zu wagen. Die psychische Belastung setzt also, in der Regel ohne bewusst wahrgenommen zu werden, bereits deutlich vor dem Zeitpunkt des eigentlichen Absturzes ein.

Von den ersten Fehlentwicklungen bis hin zum finalen Scheitern steigert sich die kräftezehrende mentale Herausforderung stetig. Stress, Verdrängung und Vertuschung, vergebliche Rettungsversuche, das alles kostet Kraft. Dies kann einen linearen Verlauf haben, steigt aber kurz vor dem Höhepunkt des Scheiterns häufig sogar exponentiell. So habe ich es erlebt. Die Ängste, die man in dieser Phase erlebt, sind dramatisch und oft existenziell, die psychische Belastung ist enorm.

Die ersten Anzeichen versucht man erst zu verdrängen, dann mit wenig zielführendem und oft symptomorientiertem Aktionismus zu bekämpfen. Stellt man fest, dass der Erfolg der Bemühungen ausbleibt, setzt man seine Hoffnungen in andere Vorgehensweisen, die aber zumeist auch in Enttäuschung münden. Dieses Wechselspiel zwischen ständigem Hoffen und Bangen, zwischen neuen Anläufen und nachfolgenden Enttäuschungen ist allein schon schwer zu ertragen.

Hand in Hand mit dieser Entwicklung geht oft auch die Vereinsamung. Es ist zumeist das Schamgefühl, das zur Isolierung führt: Man fürchtet Fragen, auf die man selbst keine Antworten hat, man befürchtet Vorwürfe und hat Angst vor hämischen Kommentaren. Wer scheitert, quält sich mit Schuldfragen und dem eigenen fehlenden Selbstwertgefühl. Wenn man sich selbst schon kaum ertragen kann, warum sollte es dann das Umfeld können? Man zieht sich zurück.

Aber auch das Umfeld kann sich aus verschiedenen Gründen entschließen, den Kontakt zu reduzieren oder komplett einzustellen. Oft steht dahinter Unsicherheit im Umgang mit dem Scheitern des anderen.

Wie oft hörte oder las ich, als ich nach meiner endgültigen Haftentlassung zu einigen Menschen wieder Kontakt aufnahm, den entschuldigenden Satz: „Ich wusste gar nicht, was ich dir sagen sollte." Oder man sei sich nicht sicher gewesen, ob ich überhaupt Kontakt hätte haben wollen und was ich erwartet hätte. Die

Probleme ansprechen oder sie ignorieren und so tun, als wäre alles in bester Ordnung?

Aus eigener Erfahrung kann ich sagen: Eine kurze Botschaft wie „Ich bin für dich da, lass mich wissen, wenn ich helfen kann" ist für den Betroffenen eine enorme Hilfe.

Manchmal ist es auch die Sorge um eine Beschädigung der eigenen Reputation, die Bekannte schweigen und Mitstreiter sich zurückziehen lässt. Die negative öffentliche Meinung über einen Menschen könnte auf die eigene Person übertragen werden, so eine häufige Sorge. Das ist wohl eine Frage der Souveränität und der Zivilcourage. Wer sich seiner selbst sicher ist und anständig lebt, hat keinen Grund, um seinen Ruf zu fürchten.

Ich habe mit den verschiedensten Verhaltensweisen Erfahrungen gesammelt: Ich habe mich zurückgezogen, weil ich mich schämte. Ich wollte Menschen, die ich gut kannte, nicht mehr zumuten, mit mir gesehen zu werden.

Manchmal erlebt man auch Überraschungen an Stellen, an denen man nicht mit ihnen gerechnet hätte. Es kam vor, dass Menschen, von denen ich angenommen hatte, dass sie mich richtig einschätzen würden, mich mit äußerst undifferenzierten, kritischen Fragen konfrontierten, die ihren Ursprung in hämischen oder tendenziösen Presseartikeln hatten. Die Fragen hatten in der Regel keinen Bezug zu den Fakten. Die Erkenntnis, dass Medienberichte, die erkennbar nicht objektiv sind, ein größeres Gewicht haben können als persönliche Beziehungen, ist eine bittere.

Ich möchte drei Dinge deutlich machen: Erstens, Scham kann man überwinden! Wer sich zu seinen Fehlern bekennt, die Verantwortung dafür übernimmt und sie wahrhaft bereut, braucht sich nicht mehr zu schämen. Das gilt auch dann, wenn die Konsequenz eines Scheiterns eine Haftstrafe ist.

Mancher versucht, so etwas möglichst lange vor seiner Umwelt zu verbergen. Ich hatte diese Möglichkeit nicht, meine Verhaftung wurde zeitgleich auf allen Kanälen medial verbreitet. Auch weil mir somit keine Wahl blieb, ging ich von Beginn an offen, ja sogar offensiv damit um. Und machte die Erfahrung, dass es einem Tabubruch gleichkam, dass jemand offen zugab, ein Häftling zu sein. Statt Verachtung erntete ich dafür Respekt.

Zweitens sollte man sich mit Menschen umgeben, mit denen man sich auch über andere Themen austauschen kann als nur über die Probleme, um die ohnehin die eigenen sorgenvollen Gedanken ständig kreisen. Natürlich beanspruchen die Herausforderungen einen großen Raum. Wenn sich aber alles nur noch um diese dreht, dreht man sich um sich selbst – und somit im Kreis.

Als der Umstand nicht mehr zu leugnen war, dass ich eine Fehlinvestition getätigt hatte, wurde diese zum alles beherrschenden Gesprächsthema zwischen meiner Frau und mir. Wir wälzten immer wieder dieselben quälenden Sorgen, wogen verzweifelt Argumente ab; tagaus, tagein. Geholfen hat das nicht.

Und drittens sind Beziehungen essenziell wichtig. Sie geben Halt und Hoffnung, und sie vermitteln die Gewissheit, dass man weiterhin als Mensch geschätzt wird. Neben der Beziehung zu meinen Kindern und einigen treuen Freunden stärkt mich vor allem die Beziehung mit meiner neuen Partnerin.

Deborah begleitet mich, mein Scheitern und meinen neuen Weg. Sie durchquert zusammen mit mir alle Täler, sie nimmt Entsagungen ebenso auf sich, wie sie Dramen erträgt; sie besitzt eine ungeheure innere Stärke und Intelligenz, steht mir unbeirrt bei, ihre Lebenslust gibt mir Hoffnung für die Zukunft. Sie ist der erste Engel, den Gott mir gesandt hat.

DIE BEDEUTUNG DES GLAUBENS

Ein Neuanfang kann nur gelingen, wenn ich mich selbst wieder in einen Zustand bringe, den man mit seelischem Gleichgewicht beschreiben kann. Ob das in der gewohnten Umgebung, die den räumlichen Rahmen des Scheiterns gebildet hat, möglich ist, mag von Fall zu Fall verschieden sein.

Ich selbst muss im Rückblick einräumen, dass ich wichtige Schritte der mentalen Stärkung machte, als ich – zwangsweise – meine gewohnte Umgebung verlassen und die Haftstrafe antreten musste, nachdem meine Revision abgelehnt worden war.

Die luxuriöse Umgebung meines Privathauses musste ich gegen eine Gefängniszelle eintauschen. Was vielleicht damals mehr eine instinktive Handlung auf der Suche nach Halt und einem Rahmen in dieser fremden, herausfordernden Umgebung war, mag in der rückblickenden Analyse so etwas wie meine Exerzitien gewesen sein: die regelmäßige morgendliche Bibellektüre, das abendliche Rosenkranzgebet und auch die Arbeiten an meinem Buch „A115 – Der Sturz".

Ähnlich den Bedingungen in einem Kloster war ich in meiner Zelle auf mich selbst reduziert. Auf meine Gedanken, meine Gefühle, meine Gebete und auf die Frage, ob ich den Zugang zu Gott würde wiederherstellen können.

Wer scheitert, verliert meist den Halt in seinem Leben, und nicht selten geht das auch mit einer Glaubenskrise einher, insbesondere dann, wenn der Betroffene als gläubiger Mensch gelebt hat.

Man fragt sich schon bei den ersten ernsthafteren Problemen, die sich in diesem Prozess stellen, verzweifelt nach den Gründen und der Sinnhaftigkeit der Schwierigkeiten. Die wiederkehrenden Probleme erscheinen in dieser Phase häufig nicht nachvollzieh-

oder erklärbar. Man hofft bei jeder Hürde aufs Neue, dass dies die letzte sein möge, bis zur nächsten Enttäuschung, weil doch wieder eine weitere folgt. Das führt zu einer fortschreitenden Destabilisierung. Häufig fühlte ich mich in diesem Teufelskreis aus Hoffnung und Enttäuschungen an *Murphy's Law* erinnert.

Immer, wenn ich dachte, es kann doch jetzt nicht noch schlimmer kommen, folgten weitere unschöne Überraschungen. Bei jeder neuen negativen Entwicklung war es stets so, als würde ich einen Film sehen und mich selbst und mein Verhalten dabei beobachten. Wenn ich der Realität nicht entkommen konnte, brachte ich alle Kraft auf, um mir meine Hoffnungslosigkeit und Verzweiflung nicht eingestehen zu müssen. Der falsche Stolz setzte Kräfte frei, zumindest noch zu Beginn, bevor der endgültige Zusammenbruch alle Abwehrmechanismen zum Erliegen brachte.

Wer bisher einen Bezug zum Glauben hatte, beginnt jetzt vielleicht zu zweifeln. Die Fragen an diesem Punkt sind oft stereotyp und werden immer häufiger: *Warum nur tut mir Gott das an? Wie kann das ein Mensch ertragen? Hört das denn niemals auf? Warum greift Gott nicht ein und hilft mir?*

Natürlich ist das eine egozentrische und von Selbstmitleid geprägte Sichtweise. Aber sie ist menschlich und ein Teil des Prozesses der Selbsterkenntnis. Zunächst sucht man die Schuld bei allen anderen, nur nicht bei sich selbst; und im Zweifel eben auch bei Gott. Wer diese Fragen stellt, braucht sich nicht zu schämen oder schlecht zu fühlen. Man sollte sie aber zum Anlass nehmen, weitere Fragen zu stellen – an sich selbst.

Wenn ich heute mein eigenes Verhalten in dieser Phase rekapituliere, stelle ich überraschenderweise fest, dass ich zwar die Schuld für mein Scheitern bei anderen Menschen gesucht habe, aber an Gott habe ich zu keinem Zeitpunkt gezweifelt. Ich konnte zwar den Sinn dessen, was mir geschah, lange nicht erkennen, aber ich wusste, es musste einen geben.

Vielleicht war ich als gläubiger Christ, der zwar nicht regelmäßig in die Kirche ging und dessen Alltag auch überwiegend von Weltlichem bestimmt war, dennoch so fest in meinem Glauben verankert, dass ich instinktiv die Schuld nicht bei Gott suchte und mich auch nicht von ihm verlassen fühlte. Vielleicht half mir auch das morgendliche Bibelstudium und die Möglichkeit, fast umgehend nach der Verhaftung im Gefängnis an einer Messe teilnehmen zu können und später dort meine Beichte abzulegen; nach vielen Jahren wieder das erste Mal. Das Bekenntnis und das Gefühl, von einer höheren Macht Vergebung zugesprochen zu bekommen, hatten eine starke positive Wirkung auf mich.

Ich wusste nicht, warum, und ich wusste nicht, wohin es mich führen würde, aber ich wusste, ich wurde geführt. Ich bin unendlich dankbar, diesen Halt gehabt zu haben. Und ich vermag nicht zu sagen, wie sich die Dinge andernfalls entwickelt hätten.

VERANTWORTUNG VOR GOTT

Vor einiger Zeit bat mich die Chefredaktion einer christlichen Zeitung um ein Interview. Ich sagte zu, und die Redaktion beauftragte eine junge Frau, das Interview zu führen. Sie hatte eine nicht eben gewöhnliche Vita: Nach ihrer Promotion zum Thema „Glück" war sie zunächst bei einer bedeutenden Unternehmensberatung tätig gewesen. Mittlerweile ist sie selbst als Gründerin eines Startup unternehmerisch tätig.

Unser Gespräch war offen und intensiv, und es ging unter anderem um Sichtweisen und Bedeutung von Glück. Kurze Zeit später schickte sie mir eine E-Mail und empfahl mir, die Veröffentlichungen von Clayton Christensen zu lesen. Christensen ist ein angesehener Professor an der Harvard University und lehrt dort im Bereich „Innovation". Darüber hinaus publiziert er Aufsätze, die sich mit den Themen Glück, Sinn und Erfolg befassen.

Ich war zunächst skeptisch, folgte dann aber der Empfehlung und beschäftigte mich mit den Ausführungen von Clayton Christensen, die er unter anderem in einem Buch mit dem Titel „How will you measure your life" veröffentlicht hat. Darin legt er eindrücklich und überzeugend dar, dass wir von Kindheit an in der Weise sozialisiert werden, uns, unsere Leistungen und unsere Entscheidungen immer „horizontal", in Referenz zu dem uns umgebenden sozialen Umfeld zu sehen. Dabei messen wir uns an den postulierten Verhaltensweisen, Zielen und Konsumgewohnheiten unserer Referenzpersonen: Freunde, Nachbarn, Kollegen, Eltern, Vorgesetzte und andere.

Das anzustrebende und angemessene Auto ist jenes, das der Nachbar als Referenzperson fährt, das adäquate Einkommen ist das, was auch der Kollege verdient. Und während der Lektüre ertappte ich mich selbst als gutes Beispiel für die Richtigkeit dieser Theorie: Ich kam recht bald zu der Überzeugung: „Was der Mentor und der Konzernherr sich erlauben, das steht mir auch zu."

Aber Christensen führt auch aus, dass es auf diese horizontale Betrachtung gar nicht ankommt, wenn man sein Leben im Rahmen einer Bilanz bewertet. Allein entscheidend ist die vertikale Sicht, nämlich die Frage: Wie wird „der da oben", wie wird Gott über mein Verhalten richten, wenn ich vor ihm mein Leben und meine Entscheidungen zu vertreten habe? Aufzuzählen, was Dritte getan und wie sie sich verhalten haben, wird da kein hinreichendes Argument sein.

Diese Betrachtung des eigenen Verhaltens und meiner Verantwortlichkeit hat mich lange beschäftigt. Und mich zu der Überzeugung geführt, dass ich das, was ich in diesem Buch bekannt habe, auch Gott gegenüber verantworten muss. Dabei zählen dann auch keine Ausreden oder Ausflüchte wie jene, alle meine Berufskollegen hätten sich doch auch so oder ähnlich verhalten. Es kommt allein auf die vertikale Verantwortung an, ich kann mein Leben nur auf dieser Basis messen und beurteilen. Mein früheres Bedürfnis, von meiner Umgebung Zuspruch oder Vergebung erhalten zu wollen, ist für meine Lebensbilanz inzwischen vollkommen irrelevant.

Nach und nach analysierte ich meine Fehltritte und meine Sünden, entledigte mich bewusst jeder einzelnen, ohne sie zu beschönigen oder zu verharmlosen. Auch das tat ich bewusst im Angesicht Gottes. Das schmerzte, aber es befreite auch.

Diese Fehltritte und Sünden mache ich mir auch heute noch hin und wieder bewusst, vielleicht aus Angst, wieder in alte Verhaltensmuster zurückzufallen, vielleicht auch, weil Dankbarkeit und Erstaunen so groß sind, dass ich es geschafft habe. Ich tat und tue das intensiv, weil ich wohl alles in meinem Leben intensiv getan habe. Manchmal versucht mich ein Freund zu bremsen und sagt scherzhaft: „Es reicht jetzt mit der Asche auf deinem Haupt." Doch ich glaube, dass es wichtig ist, sich nie zu sicher zu fühlen in seinem neuen Glück, sondern die Dankbarkeit wachzuhalten. Sonst wird man träge, unvorsichtig und vielleicht auch übermütig. Und dann ist die Gefahr groß, doch wieder unachtsam zu sein.

Im Laufe der Zeit fühlte ich mich immer freier und immer stärker von Gott getragen. Je weiter ich meinen verschütteten Zugang zu meinem Glauben wieder reaktivierte, desto geborgener fühlte ich mich in ihm, desto mehr Kraft gab er mir. Ich fühle mich heute klarer als je zuvor, ich verstehe Menschen und ihr Verhalten besser und reagiere in der Regel verständnisvoll, wenn ich in meinem Vertrauen, das ich in andere setze, enttäuscht werde. Vielleicht kann man sagen, dass ich gnädiger geworden bin, weil ich selbst Gnade erfahren durfte. Das schenkt mir eine neue Lebensqualität, die mich zunehmend mehr beglückt.

In den Tagen, an denen ich intensiv an diesem Manuskript arbeite, höre ich häufiger einen neuen Song von Lena Meyer-Landrut im Radio: „Thank you for knocking me down". Er könnte für mich geschrieben sein, denke ich manchmal. Es bedurfte eines Eingriffs und einer großen Korrektur „von oben", um mich aus meinen Gewohnheiten zu lösen, mir die Augen zu öffnen und mich zur Umkehr zu bewegen.

Einen Absturz kann und soll man nicht glorifizieren oder bewusst als Korrektiv herbeiführen wollen; und ich wünsche auch niemandem einen von solcher Dimension, wie ich ihn erlebte. Aber ich kann heute tatsächlich sagen, dass ich Gott dankbar bin, dass er mich ins Gefängnis geführt hat – weil ich so die Möglichkeit für einen Neuanfang bekam. Und es ist jedem, der scheitert, zu wünschen, dass er auch diese Chance ergreift. Denn jeder hat sie.

Ich habe während der Haft im offenen Vollzug etliche Beispiele erlebt, bei denen sich für gescheiterte Menschen neue Türen öffneten und sie neue Perspektiven bekamen. Ob es der Chef einer Autoschieberbande war, der wegen Mordes eine langjährige

Haftstrafe absolvierte und im Gefängnis den Weg zu Gott fand, oder ein hochintelligenter Trader, der in wirtschaftlichen Nöten das Übertragen von Forderungen kreativ überstrapazierte, sich schließlich selbst anzeigte – und im Gefängnis seine Mithäftlinge mit Gitarrenmusik unterhielt und Nachhilfe in Mathematik gab.

Hin und wieder treffe ich ehemalige Geschäftsfreunde und Kollegen. Oft habe ich das Gefühl, dass sie das Leben gar nicht in all seinen Ebenen kennen; dass sie sich in ihren Komfortzonen behaglich eingerichtet haben und nicht wissen, wie es am unteren Ende der sozialen Skala wirklich aussieht. Schon gar nicht aus eigener Anschauung. Wissen sie, welche Probleme die sozialen Ungerechtigkeiten der Welt heute und in der Zukunft bereiten werden? Hätten sie die Kraft gehabt, aus Haft und Demütigungen, Insolvenz und schweren gesundheitlichen Problemen wieder herauszufinden? Ich bin nicht sicher. Hätten sie als Aushilfskraft für Behinderte gearbeitet, um etwas von dem zurückzugeben, was ihnen zuteil geworden ist?

Menschen, die ein Scheitern erleben mussten und wieder aufstanden, verfügen über eine (neue) Stärke und eine ganz besondere Gewissheit, die niemand nachvollziehen kann, der diese Erfahrung nicht gemacht hat.

Für mich war eine zentrale Erkenntnis dieser Zeit: Ganz gleich, wie tief ich falle, ich werde gehalten, und es hat seinen Sinn. Wer diese Gewissheit hat, geht ohne Angst der Zukunft entgegen.

Die Selbstsicherheit, die ich in meinem früheren Berufsleben nach außen trug, war im schonungslos ehrlichen Rückblick nur eine vordergründige. Ich demonstrierte Selbstsicherheit, auch wenn ich Zweifel hatte und innerlich unsicher war. Schwäche zu zeigen hätte für mich in meiner Rolle auf vielen Ebenen eine Art Kapitulation bedeutet. Die Kraft und die Sicherheit, die ich heute spüre, sind von einer anderen Qualität. Sie sind aus meinen

Erfahrungen erwachsen und durch meinen Glauben gefestigt, dass ich um meiner selbst willen geliebt und wertvoll bin. Und niemand kann sie mir nehmen, unabhängig von beruflichem Erfolg oder sozialem Status.

Wenn ich es recht überlege, bin ich wieder zurückgekehrt zu dem Prinzip, das ich mir als junger Student zur Lebensmaxime zurechtgelegt hatte, und das mir im Laufe der Jahre zunehmend abhanden gekommen war: „Ich bin ich."

Heute lebe ich das, was ich mir in meinen jungen, von Idealismus geprägten Jahren gewünscht hatte: Ich folge meinen innersten Überzeugungen, unabhängig von der Meinung anderer, und versuche anderen etwas mit auf ihren Weg zu geben, die Lehren aus meinen Fehlern jüngeren Generationen zugänglich zu machen.

Diese Erfahrungen haben dazu geführt, dass der Glaube in meinem Leben heute eine zentrale Stellung einnimmt. Für mich war er die Voraussetzung für einen kraftvollen und von Optimismus getragenen Neubeginn. Zu spüren, wie aus der Kraft des Gebetes die Gewissheit wächst, von Gott auch im Moment der größten Not und Verzweiflung getragen zu werden, ist eine besondere, bereichernde und erfüllende Erfahrung.

Ich habe für mich daraus einen persönlichen Leitsatz entwickelt: Ohne Glaube kein Gott, ohne Gott keine Seele, ohne Seele kein Sinn des Lebens, ohne Sinn des Lebens keine Ziele, ohne Ziele kein bewusstes Leben, ohne bewusstes Leben keine Klugheit, keine Mäßigung, keine Demut.

Ich durfte auch Unterstützung von anderen Christen erfahren, die ich in besonderer Weise erlebte. Diese Hilfe trug mich zusätzlich und gab mir ebenfalls Mut für die Zukunft.

Drei Monate nach meiner Haftentlassung bekam ich überraschenderweise eine Einladung von einem sehr erfolgreichen deutschen Unternehmer, den ich persönlich nicht kannte. Er lud mich zu einem Abendessen zu sich ein, an dem auch sein Sohn teilnahm. Ich nahm die Einladung an, deren Grund ich nicht kannte. Aber ich folgte einfach meiner Intuition.

Es war ein sehr unterhaltsamer Abend in eindrucksvollen Räumlichkeiten. Und wir sprachen im wahrsten Sinne des Wortes über Gott und die Welt. Zu schon deutlich vorgerückter Stunde fragte ich meinen Gastgeber: „Bitte entschuldigen Sie meine Frage, aber dürfte ich wissen, warum Sie mich heute Abend eingeladen haben?"

Der Unternehmer lächelte und antwortete, er habe diese Frage erwartet. Er habe mich eingeladen, um sich ein eigenes, persönliches Bild von mir zu machen. Er traue in dieser Hinsicht den Medien nicht. Und er fügte noch hinzu, er sei Christ. Und wenn jemand einen Fehler begehe und um Vergebung bitte, dann dürfe man ihm diese nicht versagen, sondern solle ihn auf seinem weiteren Weg unterstützen. Und dieses Vorhaben hat er auch bis heute in die Tat umgesetzt.

An dem Tag, als Bertelsmann mein Ausscheiden als Vorstandsvorsitzender bekannt gab, erhielt ich einen Anruf von Arthur Schneier, einem Rabbiner in New York und einem guten Freund. Überraschenderweise beglückwünschte er mich zu meinem Ausscheiden. „Thomas, es gibt ein altes jüdisches Sprichwort", belehrte mich der kluge Rabbiner am Telefon. „Es schließt sich eine Pforte, und es öffnen sich sieben neue." Wie recht der weise Rabbiner damals hatte, verstehe ich eigentlich erst heute.

INNERE BALANCE UND MENTALE STÄRKUNG

Trotz aller Herausforderungen, die ich im Gefängnis durchleben musste, kann ich heute doch feststellen, dass ich in der Einsamkeit der Zelle nicht nur einen ersten Schritt zur Selbsterkenntnis machte, sondern auch den ersten bedeutenden Schritt zur mentalen Erstarkung. Je mehr ich gezwungen war, Zeit mit mir allein zu verbringen, umso mehr dachte ich über das Geschehene nach, umso klarer erkannte ich meine Fehler. Aus dieser Erkenntnis erwuchsen nicht nur Schwäche, Hoffnungslosigkeit oder Depression, sondern in der Folge vielmehr innere Stärke.

Die neu gewonnene Stärke schenkte mir auch eine bessere mentale Balance. Ein unbeschreiblich gutes Gefühl! Ich begann wieder an mich selbst zu glauben, mich wieder anzunehmen; zu erkennen, welches meine Stärken jenseits von Status und beruflichen Errungenschaften waren. Dies war ein wichtiger Schritt, vielleicht der wichtigste: sich selbst wieder wertzuschätzen. Das sorgte dafür, dass man mir meine Würde im Gefängnis nicht nehmen konnte. Wenn ich heute zurückblicke, stelle ich fest, dass ich für diese Phase besonders viel Zeit benötigte.

Ich begann, meinen Medienkonsum und meine Interessen neu zu ordnen. Der TV-Konsum reduzierte sich auf ein Minimum. Als Häftling konnte ich das Internet nicht nutzen und lernte erst dadurch, wie viel Zeit ich in der Vergangenheit damit vertan hatte, wie ein Süchtiger zahllose Nachrichten umgehend zu beantworten, wann immer ich nicht durch unumgehbare Verbote daran gehindert war und sobald etwa ein Flugzeug, in dem ich gerade saß, die Landebahn berührt hatte.

Ich begann wieder Bücher zu den verschiedensten Themengebieten zu lesen, ich spürte ein wieder wachsendes Interesse an so vielem. Es war ein neu erwachender, unstillbarer Wissensdurst, als sei ich für lange Zeit von der Außenwelt abgeschnitten gewesen. Aus meinem oberflächlichen, hektischen Medienkonsum wurde ein überlegtes und gezieltes Informationsverhalten.

Meine Prioritäten begannen sich auch in anderen Bereichen zu verschieben. Ich war nicht mehr getrieben, sondern gelassen. Ich gab mir selbst und der Entwicklung meines Neuanfangs die notwendige Zeit. Ich hatte nun die notwendige Balance, um meine Zukunft neu zu gestalten. Anfeindungen konnten mir nichts mehr anhaben und werden es auch in Zukunft nicht mehr können.

Dennoch machte ich mir täglich bewusst, dass es keine Garantie für einen Erfolg gab; dass der Neuanfang auch misslingen konnte. Aber ich wusste, ich hatte die Kraft, auch das verwinden zu können. Ich hatte mich vielleicht nie zuvor so stark gefühlt wie in diesem Moment.

Ich ordnete auch mein Umfeld neu. Neben alten, treuen Freunden umgeben mich nun auch Menschen, die ich nach meiner Haftentlassung kennengelernt habe, die mich tragen, die mir ihr Vertrauen schenken und mir positive Energie geben. Menschen, die mir, bei aller berechtigten Kritik, nicht grundsätzlich wohlwollend begegnen, sind die falschen Weggefährten für den Neubeginn.

NEUE ZIELE

Für mich war es wichtig, mir neue Ziele zu erarbeiten, und zwar solche, die zukunftsgerichtet sind. Das kann individuell verschieden den beruflichen und/oder privaten Bereich betreffen. Diese Ziele sind so etwas wie Leuchttürme, die den künftigen Weg markieren, auf die man hinarbeitet und sich an ihnen orientiert.

Etappenziele sind eine wichtige Hilfe. Wer sich allein ein einziges großes Fernziel setzt, hat es ungleich schwerer, auf einem langen, mitunter beschwerlichen Weg, nicht den Mut und die Disziplin zu verlieren.

Um die Etappenziele zu erreichen, half mir ein Maßnahmenplan, er sorgte in der Startphase für die erforderliche Anleitung. Zu Anfang war mir klar: Dieser Plan sollte ausreichend detailliert sein und dennoch genügend Freiraum für flexible Gestaltung lassen. Er sollte so etwas wie eine Leitplanke sein, die dafür sorgt, dass ich nicht von meiner Bahn abkomme, wenn ich auf dem Weg des Neuanfangs Rückschläge hinnehmen muss. Also kein starres Reaktionsmuster, sondern vielmehr ein gelassenes Gegensteuern dort, wo man eine Fehlentwicklung zu verzeichnen hat.

Bei der Entwicklung neuer Ziele half mir auch eine unverhoffte Anfrage: Ich war nach Verbüßen von zwei Dritteln meiner Haftstrafe erst wenige Tage auf Bewährung entlassen worden und gerade dabei, mich in der Freiheit neu zu sortieren, als mich ein Schreiben des Rektors der Universität Innsbruck erreichte. Er schrieb sehr höflich, er habe sich intensiv mit meiner Karriere beschäftigt und auch mit der aktuellen Entwicklung in Form des tiefen Falls. Die Frage, die er stellte: Ob ich bereit sei, über all das vor seinen Studenten zu sprechen?

Ich musste nicht lange über die Antwort nachdenken. Zu dem Zeitpunkt hatte ich zwei Anliegen, die ich vorantreiben wollte, sofern es meine Gesundheit erlaubte: Ich wollte mich für eine Justizreform und für die Abschaffung der Suizid-Sicherheitskontrolle im 15-Minuten-Takt im Strafvollzug einsetzen und mich außerdem bemühen, jüngeren Generationen meine Erfahrungen mit auf ihren Weg zu geben, damit sie aus meinen persönlichen Fehlern lernen können. Und dies hier schien die erste gute

Gelegenheit dazu zu sein. Ich sagte zu, den Vortrag vor den Studenten in Innsbruck zu halten.

Kurze Zeit später erhielt ich von dort auch schon einen Themenvorschlag für meinen Vortrag. Er lautete: „From Heaven To Hell". Ob ich mit diesem Titel und Thema einverstanden sei, fragte der Rektor. Spontan fand ich das sehr passend und bestätigte den Vorschlag.

Es war noch eine ganze Weile hin bis zu dem Vortrag, und ich begann deshalb erst nach einer Weile, mich mit der Vorbereitung zu beschäftigen. Anfangs übernahm ich die Richtung dankbar und fast euphorisch, es schien ja vordergründig auch so klar. Natürlich ist eine Verhaftung die „Hölle", und mein früheres Leben musste zumindest für Beobachter vermutlich wirklich „himmlisch" gewirkt haben.

Doch je länger und intensiver ich mich für den Vortrag mit meiner Wandlung oder Entwicklung befasste, desto stärker wurden die Zweifel, ob dieser Titel wirklich widerspiegelte, wie ich selbst meine damalige und heutige Situation in der Gegenüberstellung wahrnahm.

Zwar habe ich materiell gesehen alles verloren und muss mich jetzt in meinem Alltag bescheiden, ich habe meine Gesundheit eingebüßt, dafür meint nun fast jeder erwachsene Bundesbürger mich zu kennen und hat eine Meinung zu mir – allzu oft eine negative. Doch das ist nur die eine Seite und nicht die entscheidende.

Auf der anderen Seite fühle ich mich befreit und unabhängig von der Meinung anderer. Der tägliche Druck, die Anforderungen zu erfüllen, der jahrzehntelang auf meinen Schultern lastete, wurde durch ein zunehmend eigenbestimmtes Leben ersetzt. Ich lebe heute bewusst im Hier und Jetzt. Ich habe ein sinn-volles Leben, in dessen Mitte mein Glaube und Gott stehen. Ich fühle mich getragen und angenommen, ganz unabhängig von Leistungen oder Vermögen.

Bei Vorträgen wie dem anstehenden musste ich keine Rolle mehr spielen, sondern würde vielmehr genau das kommunizieren können, was ich fühle und denke. Ohne Rücksicht auf Dritte oder ein Unternehmen üben zu müssen, das taktisches Verhalten verlangt. Ich fühle mich so echt und ehrlich wie lange nicht.

Ich nehme nach und nach immer weitere „Kleinigkeiten" wahr, die ich früher als unbedeutend erachtet hatte oder sie in meiner rastlosen Getriebenheit nicht wahrnehmen konnte. Es sind die stillen Momente in der Natur, der Geruch der Frühlingsluft, wenn ich mit dem Fahrrad um die Alster fahre, oder der Genuss einer kleinen Zigarre nach dem Mittagessen auf der sonnigen Terrasse meines Lieblingsitalieners.

Der erzwungene Verzicht infolge meines Vermögensverlustes führte also langfristig nicht etwa zu Depression, Verzweiflung, Neid, Vorwürfen gegen andere oder dem Empfinden eines Mangels, sondern zu dem Gefühl, innerlich befreit zu sein. Zunehmend fand ich innere Ruhe, die mir unter anderem auch den Weg zurück zum Lesen von Büchern ermöglichte.

Während ich in der Vergangenheit rastlos von einer der vielen Aufgaben zur nächsten jagte und immer mehrere gleichzeitig zu bewältigen versuchte, verfolge ich heute eine klare Aufgaben- und Zielstellung, die mein Leben erfüllt. Während ich früher das Ergebnis meiner Arbeit indirekt an der Entwicklung des Aktienkurses messen konnte, erfahre ich heute eine unmittelbare menschliche Reaktion: nach Vorträgen und Diskussionen oder während meiner Zeit in Bethel.

Ich erfahre eine neue Form des Respekts, eine, die mir persönlich gilt und nicht dem Unternehmen, das ich vertrete. Wenn beispielsweise Zuhörer zu meinen Vortragsthemen eine andere

Auffassung vertreten als ich, ist der Austausch darüber dennoch respektvoll. Und wenn ich jenen Zuhörern, die bisher ein ausschließlich negatives Bild von mir hatten, nach einem Vortrag im Rahmen der Publikumsfragen ein differenzierteres Bild vermitteln kann, dann freut mich dies nicht in der Art einer Genugtuung, sondern mit einer dankbaren Freude. Und andererseits bin ich auch nicht enttäuscht, wenn mir dies einmal nicht gelingt.

Dass ich mich von der Meinung anderer Menschen nicht mehr beeindrucken lasse, heißt aber nicht, dass mir etwa konstruktives Feedback egal wäre. Im Frühjahr 2019 sprach ich auf einer Konferenz für Investoren am Tegernsee, die schon im 13. Jahr veranstaltet wurde, vor rund 550 Teilnehmern über das Thema „Scheitern als Chance". Es war ein illustrer Referentenkreis, darunter Altkanzler Gerhard Schröder, der Vorstandsvorsitzende der Deutschen Börse, Professor Dr. Fest von den Wirtschaftsweisen, der Arzt und Kabarettist Eckart von Hirschhausen. Ich hatte mit vielem gerechnet, aber nicht mit Standing Ovations für meinen Vortrag. Es war wirklich bewegend.

Viel wichtiger für mich aber war die Resonanz, die ich nach meinem Vortrag von einzelnen Zuhörern erfuhr. Viele fanden sich wieder in dem, was ich geschildert hatte, in vermeintlichen Kleinigkeiten vielleicht oder auch größeren Zusammenhängen. Ich hatte sie erreicht, ich hatte ihnen den einen oder anderen Denkanstoß gegeben, manchem eine andere Perspektive aufzeigen können. Ich hatte meine Erfahrungen weitergeben können, und wenn meine Fehler anderen als Warnung dienen und helfen, Versuchungen oder Fehlentwicklungen zu erkennen, dann hätten sie heute einen Zweck erfüllt.

PHYSISCHE ERHOLUNG

Ebenso wichtig wie die mentale Stärkung war für mich die physische Erholung, das Sammeln neuer Kräfte nach einer langen Zeit ungeheurer Anstrengung. Beides geht in der Regel auch miteinander einher nach dem bekannten Motto: *Mens sana in corpore sano.* Das Sammeln neuer Kräfte ist häufig so etwas wie eine physische Neuordnung. Wer in großem Umfang scheitert, vernachlässigt oft auch seinen Körper – so war es auch bei mir. Wenn der alte Bezugsrahmen verloren und noch kein neuer vorhanden ist, schwindet oft auch die gefühlte Notwendigkeit bestimmter Aktivitäten wie dem Sporttreiben. Die Disziplin, die mich bisher geleitet hatte, schien nutzlos, der Antrieb ließ nach, Trägheit machte sich breit; alles schien sinnlos, und die Frage „Wozu denn noch?" bestimmte das Handeln. Was früher tägliche Routine war, erschien mir jetzt zu viel oder stellte eine Herausforderung dar, deren Bewältigung ich mir nicht mehr zutraute.

Man vernachlässigt nicht nur Alltagstätigkeiten, sondern misst auch der Ernährung oft keine ausreichende Bedeutung mehr bei. Sie wird einseitig, Fast Food, Süßigkeiten und nicht selten auch vermehrter Alkoholkonsum werden zu Ersatz-Grundnahrungsmitteln oder sollen psychische Belastung und Stress kompensieren. Der physischen Konstitution ist das selbstredend wenig zuträglich. Deshalb ist es wichtig, sich zunächst selbst wieder wertzuschätzen – auch in Form einer ausgewogenen, stärkenden Ernährung.

Als ich aus der Untersuchungshaft entlassen wurde, hatte ich 16 Kilo Gewicht verloren. Das war vor allem meiner Autoimmunerkrankung zuzuschreiben, in Teilen aber auch der einseitigen Ernährung in der JVA. Ich war nur noch eingeschränkt in der Lage, mich auf den Füßen zu halten, und auch mental war ich zu sehr mit der Bewältigung der Gegenwart beschäftigt, als schon fähig zu sein, in die Zukunft zu blicken.

Um nach der Haftentlassung wieder zu Kräften zu kommen, versuchte ich besonders gesund und nährstoffreich zu essen: mehr Vitamine, Obst, Gemüse, Milchprodukte, Proteine. Ich versuchte möglichst auf Zucker und Süßigkeiten zu verzichten, was kein leichtes Unterfangen war. Man mag mir viele Schwächen attestiert haben, der Konsum von Weingummi gehörte über Jahre zu meinen größten.

Parallel konzipierte ich mir ein einfaches Trainingsprogramm, das ich bereits im Gefängnis begonnen hatte. Ich machte es zu einem festen Bestandteil meines Tagesablaufs und begann den Morgen mit dem immer gleichen Programm: Sit-ups und Liegestütze, deren Pensum ich täglich ein wenig steigerte; so schuf ich mir einen zusätzlichen Anreiz für eine Vorwärtsentwicklung.

Später begann ich zu joggen und auf dem Ergometer zu trainieren, um mein Herz-Kreislauf-System zu stärken. Das half mir nicht nur, meine Kondition und damit meine gesamte Konstitution zu verbessern, sondern stärkte auch meine Psyche. Das Gefühl, die eigene Trägheit überwunden und sich körperlich verausgabt zu haben, verscheuchte negative Gedanken und gab mir Energie für den ganzen Tag. Auf kurzen Strecken nutzte ich das Fahrrad statt des Wagens als Fortbewegungsmittel, was ich auch heute noch gern und häufig tue. Mehr noch, ich würde es nicht wieder missen wollen, und das nicht nur, weil es im großstädtischen Verkehr ohnehin die schnellere Art ist, um an sein Ziel zu kommen. Das Fahrrad hilft, wenn man so will, also durchaus auch, die eigene Zielstrebigkeit weiterzuentwickeln.

Ich steigerte die Trainingseinheiten soweit, dass ich mich jeden Tag rund eine Stunde lang sportlich betätigte. Als ich begonnen hatte, auf dem Gelände der JVA Bielefeld zu joggen, belächelten mich die JVA-Beamten und Mithäftlinge anfangs noch. Ich achtete nicht auf die hämischen Kommentare, sie waren mir gleichgültig.

Mitten in der Unfreiheit des Gefängnisses fühlte ich mich bei meinen täglichen Runden frei. Während ich über die Wege des Geländes lief, nach und nach immer länger, die frische Luft außerhalb der muffigen Zellen und Gänge genoss, überwand ich in Gedanken die Zäune, die das Gefängnis umgaben. Ich fühlte mich so stark wie lange nicht.

Nach einiger Zeit, in der ich konsequent immer weiter meine Runden über das Gelände lief, stellte ich fest, dass einige Mithäftlinge, die bislang ausschließlich die gefängniseigene „Muckibude" besucht hatten, begannen, meinem Beispiel zu folgen und ebenfalls Ausdauersport an der frischen Luft absolvierten.

Mein eigener Erfolg, meine eigene Leistungssteigerung spornten mich selbst immer mehr an. Ich joggte jeden Tag innerhalb der festen Zeiten, in denen sich die Häftlinge außerhalb des Gebäudes auf dem Gelände aufhalten durften. Ich joggte bei Dunkelheit, im Regen, im Schnee und bei Kälte. Die Mithäftlinge begannen mich anzufeuern. „Weiter so!", riefen sie mir zu oder: „Du wirst immer besser!" Jeder dieser Kommentare spornte mich weiter an.

Als ich nach insgesamt zwei Jahren entlassen wurde, war ich trotz meiner Autoimmunerkrankung physisch und auch psychisch in einer deutlich besseren Verfassung als am Tag meiner Verhaftung im Gerichtssaal.

FORMEN DES NEUSTARTS

Ich bin immer wieder aufs Neue erstaunt, wie viele und wie unterschiedlich geartete Zuschriften ich bekomme, ob nach Vorträgen oder auch nach Interviews. Viele berühren mich, und mitunter bin ich sogar beschämt darüber, welche Offenheit mir wildfremde Menschen entgegenbringen, welches Vertrauen sie mir schenken, obgleich auch sie mich gar nicht persönlich kennen. Fast allen ist gemein, dass die Frage, wie man einen Neubeginn schaffen kann, eine große Bedeutung hat.

Im frühen Frühjahr 2019 erreichte mich ein mehrseitiger Brief einer ehemaligen Führungskraft eines bedeutenden Wirtschaftsprüfungsunternehmens. Der Mann hatte dort den Aufbau des mittelständischen Kundengeschäfts verantwortet und schrieb mir: Wenn er auf sein eigenes Scheitern im Leben blickte, so sei es auch ein Initialpunkt zur Wende, zum Wiederaufstehen, zur Umkehr, zum Nachdenken, zum Neujustieren, eben einfach zum Weitermachen gewesen. Nun sei er weit entfernt von der heute gelegentlich um sich greifenden „Euphorie des Scheiterns" zu sprechen, die fast schon zum guten Ton gehöre, zumindest könnten dies die „Fuck Up-Nights" suggerieren. Wer aber je auf seinen Kontostand geschaut habe und nicht wusste, wie er seine Miete und sein Benzin oder die Lebensmittel für seine Kinder bezahlen soll, weil er vielleicht arbeitslos sei, dem seien solche euphemistischen Betrachtungen von Startup-Gründern, die in der Regel noch Vati, Mutti und Oma hinter sich haben, fremd. Er selbst wolle mit Menschen ins Gespräch kommen, die aus den wenigen Fäden, die sie nach ihrem Scheitern noch in den Händen hielten, eine Leiter geflochten hätten und darauf in ein anderes, ein neues Leben geklettert seien.

Wenn diese Leiter eine hohe Stabilität gewährleisten und bis zum Erreichen des neuen Lebens standhalten soll, bedarf es einer

Neuausrichtung. Nach einem Scheitern mit den gleichen Verhaltensmustern weiterzuagieren, führt nicht weit. Und die Chancen sind groß, sich bald wieder in den gleichen Problemen zu verfangen, die ursächlich zu dem Scheitern beigetragen haben.

Der Politiker, der nach einer verlorenen Landtagswahl übergangslos mit einem Ministerposten im Bundeskabinett belohnt wird, wird wenig aus seinem Scheitern auf Landesebene gelernt haben können. Der Manager, der während seiner Haftstrafe in dem Unternehmen arbeitet, das er vor seiner Inhaftierung geführt hat, wird in der Regel fast nichts an Erkenntnissen aus seinem Scheitern mitnehmen können. Und auch die vielen ehemaligen Mithäftlinge, die mir immer wieder versicherten, dass sie selbstverständlich unschuldig im Gefängnis seien, werden große Schwierigkeiten mit einem Neustart haben. Nicht nur, dass die Gefahr eines Rückfalls mangels Einsicht groß ist, sie sind im eigentlichen Sinne auch nicht resozialisiert und damit auch nicht vorbereitet auf eine erfolgreiche Reintegration in die Gesellschaft.

Jeder Neustart nimmt einen individuell anderen Verlauf, der natürlich ganz wesentlich dadurch bestimmt wird, welche Ursachen zu dem Scheitern führten, welche Erkenntnisse daraus gewonnen wurden und ob bereits neue Lebensziele entwickelt werden konnten. Unabhängig von der individuellen Ausprägung, kann man zwei grundsätzliche Formen eines Neubeginns unterscheiden: die graduelle Neuausrichtung und den vollständigen Reset.

GRADUELLE NEUAUSRICHTUNG

Der weniger radikale Weg und damit wohl auch der häufigste ist die graduelle Neuausrichtung. Bestimmte Bereiche des alten Lebens werden verändert und neu justiert. Die Basis für diese Veränderungen sind die Erkenntnisse über Ursachen, Mechanismen und Konsequenzen des Scheiterns.

Liegt das Scheitern im wirtschaftlichen Bereich wie beispielsweise bei einer Privatinsolvenz, so erfolgt nicht selten ein Wohnortwechsel. Entweder mit einer neuen Adresse, weil das große Domizil durch ein kleineres, kostengünstigeres ersetzt werden muss. Das mag auf den einen oder anderen aus Scham noch einmal wie eine Niederlage wirken; es ist aber keine. Die souveräne Anpassung der Lebensverhältnisse erzeugt zumeist Respekt. Und sie kann auch befreiend sein: Ich empfinde es heute als Erleichterung, nicht mehr mit vielen aufwendigen Besitztümern belastet zu sein.

In manchen Fällen kann auch ein Wohnortwechsel sinnvoll sein, entweder weil ein neues Arbeitsverhältnis das erfordert oder weil die Verflechtungen innerhalb eines Ortes ein Hindernis für eine aufrichtige Neuausrichtung sein können.

Der wirtschaftliche Neustart erfolgt ansonsten in neuer Konstellation, aber in den alten, bewährten Strukturen, die jetzt dabei helfen können, dass man eine Art Sicherheitsgefühl in einem bekannten Umfeld entwickeln kann. Entscheidend ist in diesem Fall, sich selbst und auch seiner Umwelt gegenüber ehrlich zu agieren und nichts zu beschönigen. Liegt das Scheitern im persönlichen Bereich, so kann es ebenfalls Sicherheit geben, die vertraute Arbeitsumgebung beizubehalten.

Der große Vorteil der graduellen Neuausrichtung liegt in dem Gefühl, sich bei einem Neubeginn zumindest in Teilen auf sicherem Terrain bewegen zu können. Das Risiko eines erneuten

Absturzes während der ersten Schritte in eine neu gestaltete Zukunft erscheint besser kontrollierbar.

Der Nachteil besteht allerdings in der Gefahr, dass die alten Strukturen zumindest in Teilbereichen auch wieder alte Verhaltensmuster fördern, weil die Gewohnheiten stark und bequem sind, stärker manchmal als der Vorsatz. Etablierte soziale Strukturen können deshalb auch ein Risiko im Rahmen einer Neuausrichtung darstellen.

Dieses Risiko hätte in meinem Fall zweifellos bestanden. Ob ich es tatsächlich geschafft hätte, mich von allen bisherigen Mustern zu lösen, wenn mein Umfeld mir erhalten geblieben wäre, ein Umfeld, das überwiegend in langen Jahren darauf konditioniert war, mich in meinem Tun zu bestärken und mich zu tragen ... ich habe zumindest Zweifel. Vermutlich hätte ich instinktiv versucht, mich mithilfe meines Umfeldes so weit als möglich wieder meinem alten Lebensmodell anzunähern.

RESET: DER VOLLSTÄNDIGE NEUSTART

Bei einem Reset handelt es sich um einen kompletten Neustart, bei dem alle bisherigen Parameter eines Lebensmodells verändert werden. Das entspricht sozusagen einem Neubeginn ohne Netz und doppelten Boden. Alles wird infrage gestellt, alles wird neu geordnet, nichts bleibt, wie man es gewohnt war. Das erfordert erhebliche Kraft und Stärke, weil keine vertrauten Strukturen mehr Halt geben können. Es erfordert Präsenz und Aktivität in allen Lebensbereichen gleichzeitig, weil man sich alles zugleich neu erarbeiten muss. Es birgt aber auch die größten Chancen. Wo keine Gewohnheiten zur Nachlässigkeit verführen, wird die Neuausrichtung weniger untergraben.

Die Strategie des Resets beinhaltet eine räumliche Veränderung, die auch so weit gehen kann, dass der Wohnort ins Ausland verlegt wird. Dann werden neben dem erweiterten sozialen Umfeld selbst die Sprache und der Kulturkreis erneuert. Die berufliche Tätigkeit wird verändert, manchmal radikal in einem gänzlich neuen Bereich, und mancher kann auch zu der Entscheidung gelangen, eine Partnerschaft zu beenden.

Häufig ist hier auch der starke Wunsch der Motor, einen Schlussstrich unter die Vergangenheit zu ziehen, man versucht, die Distanz zwischen der alten und der neuen Welt so groß wie möglich zu gestalten. Manchmal haben Handlungen und Entscheidungen in der Reset-Strategie daher auch stark symbolhaften Charakter.

Das Reset-Modell sollte allerdings immer eine bewusste Entscheidung und wohlüberlegt sein und keine Flucht. Wenn die Scham so groß ist, dass sie unerträglich scheint und einen vollständigen Rückzug aus dem alten Umfeld zur Folge hat, mag es häufiger zu Rückfällen in alte Muster kommen. Wo ein neues, unwissendes Umfeld keinen ehrlichen Umgang mit den eigenen Fehlern einfordert, ist die Versuchung groß, sie auch nicht zu benennen. Die Anonymität ist gnädig, aber sie ist kein Korrektiv.

Ich habe mir die Entscheidung nicht leicht gemacht und mich nach intensiver Überlegung für den Weg des vollständigen Resets entschieden. Auch einen Wechsel ins Ausland, am liebsten nach London, habe ich länger erwogen. Wegen des Privatinsolvenzverfahrens und des neu eröffneten Ermittlungsverfahrens verschob ich die endgültige Entscheidung bis zum Abschluss der beiden Verfahren.

Stattdessen habe ich meinen Wohnsitz zu meiner neuen Lebenspartnerin nach Hamburg verlagert – nach fast 30 Jahren in Bielefeld kein ganz einfacher Schritt. Ich habe manche alten Bekanntschaften hinter mir gelassen. In den Fällen, in denen ich mich dafür entschied, tat ich das bewusst. Freundschaften sind nicht ortsgebunden, sie sind mir auch am neuen Wohnort so wertvoll und präsent wie vorher in Bielefeld. Aber jene Begleiter, denen es um anderes ging als um mich selbst, passen nicht mehr in mein neues Leben, in dem Oberflächliches und statusgeprägtes Rollenverhalten keinen Platz mehr haben. Dennoch ist jeder Prozess des Loslassens ein schwieriger.

Natürlich war es auch nicht einfach zu akzeptieren, dass das Haus, in dem ich 30 Jahre gelebt hatte, in dem die Kinder aufgewachsen sind und mit dem sich so viele positive Erinnerungen verbanden, verkauft werden musste. Ich werde nie das Gefühl vergessen, als ich nach dem Leerräumen dieses Anwesens zum letzten Mal den Wagen die lang gezogene Zufahrt durch den kleinen Wald hinunterlenkte, sich das Tor automatisch hinter mir schloss und ich das Gaspedal betätigte. In diesem Augenblick, als das Auto auf die Straße rollte, schloss sich bildhaft ein ganzes Lebenskapitel hinter mir. Und zugleich hatte sich ein neues geöffnet, das neue Möglichkeiten bot, aber auch viel Unbekanntes.

Das neue Umfeld hat mir neue Kraft geschenkt. Neugierig habe ich begonnen, Hamburg zu verstehen und mir die Stadt auch emotional zu erschließen. Dabei habe ich viel Neues entdeckt, nicht zuletzt auch an mir selbst. Ich ging mit weit offenen Augen durch dieses neue Umfeld, wo ich vorher in Bielefeld vieles gar nicht wahrgenommen hatte. Man lebt in Gewohnheiten, glaubt alles zu kennen und sieht doch nicht richtig hin. Fast alles, was mein tägliches Leben heute in Hamburg bestimmt, ist anders, als es das zuvor in Bielefeld war. Das ist aufregend, inspirierend, beflügelnd, aber manchmal auch anstrengend, wenn man sich nicht auf Gewohntem ausruhen kann.

Die auch mit der räumlichen Neuorientierung verbundene örtliche Trennung von der Familie war und ist schmerzvoll. Ich vermisse meine Kinder manchmal schrecklich. Andererseits befinden sie sich jetzt in einem Alter, in dem sie ihr eigenes, unabhängiges Leben gestalten und sich von den Eltern lösen. Sie gründen eigene Familien und brauchen meine tägliche Hilfe und Unterstützung nicht mehr. Ich werde als Versorger nicht mehr benötigt. Eine natürliche Entwicklung, die wohl vielen nicht leichtfällt und mit der auch ich mich lange nicht wirklich anfreunden konnte. Ich bin aber dennoch sicher, dass ich auch in Zukunft auf die Liebe meiner Kinder zählen kann, ganz gleich, wo auf diesem Globus gerade mein Zuhause sein sollte.

Ich kann deshalb nur Mut machen, die Offenheit aufzubringen und sich der Option einer räumlichen Veränderung nicht zu verschließen. Wenn dies für einen Neubeginn sinnvoll erscheint, dann sollte man diesen Schritt wagen. Er beflügelt und eröffnet weitere neue Möglichkeiten, und man entwickelt möglicherweise sogar ungeahnte neue Facetten seiner selbst. In dieser Hinsicht können wir noch immer viel von den Amerikanern lernen, die auch im hohen Alter zu räumlichen Veränderungen bereit sind.

INHALTLICHER RESET

Neben dem Ortswechsel habe ich auch mein Tätigkeitsfeld neu geordnet. Einerseits unfreiwillig und durch den Bruch der Haft erzwungen, andererseits durch die mentale Neuausrichtung gezielt gewählt. Meine neuen Aufgaben als Autor, Referent und in Zukunft vielleicht noch weitere Tätigkeiten entsprechen nicht mehr dem, was ich in meinem früheren Berufsleben als Topmanager täglich verantwortet habe. Sie folgen anderen Anforderungen und anderen Zielen.

Es geht nicht mehr um Profitmaximierung oder um Restrukturierung. Meine neuen Tätigkeiten geben mir die Möglichkeit, mich sinnhaft mit Dingen zu beschäftigen, für die ich in der Vergangenheit keinen Blick hatte. Es sind intellektuelle Aufgaben, ich kann meine Erfahrungen sinnvoll einbringen und andere von ihnen profitieren lassen, ich kann mich mit ausreichend Zeit mit meinen Mitmenschen beschäftigen und versuchen, die grundsätzlichen Probleme der Gegenwart besser zu verstehen.

Der neue Tagesrhythmus, den ich mir gegeben habe, macht mich mental und physisch stark. Dazu tragen mich die Nähe zu Gott und das Wissen, dass ich bedingungslos von ihm geliebt bin, sie schenken mir Kraft und Lebensfreude.

Vielleicht trifft dieses Bild die Veränderung symbolhaft und zugleich im Wortsinn: Früher raste ich mit der *Concorde* in Überschallgeschwindigkeit um die Welt und sah nichts. Heute fahre ich mit dem Fahrrad durch einen ganz neuen Kosmos und entdecke so viel Bemerkenswertes wie in meinem ganzen bisherigen Leben nicht.

Ich bin dankbar und glücklich, dass mein Scheitern mir die Chance auftat, ein anderer, ein neuer Mensch zu werden. Ich werde diese Chance nutzen und sie nicht verschenken. Auch wenn ich Rückschläge auf meinem Weg erleiden sollte, ich habe die Kraft, sie zu meistern.

7. STOLPERSTEINE NACH DEM WIEDERAUFSTEHEN

Wenn jemand, der gescheitert ist und bildlich am Boden liegt, die Kraft hat, wieder aufzustehen und noch einmal neu zu beginnen, ist die Reaktion häufig große Überraschung. Das sagt viel aus über unsere Sichtweise und unser Verständnis eines Neuanfangs. Anstatt dies als einen ganz selbstverständlichen Prozess der Neuausrichtung zu bewerten oder unter dem Begriff der natürlichen Resilienz eines Menschen einzuordnen, verbindet die Mehrheit offensichtlich etwas Ungewöhnliches und nicht Selbstverständliches damit.

Mitunter wird das Wiederaufstehen nach einem tiefen Fall sogar glorifiziert, dem Betreffenden werden gar mystische Kräfte zugesprochen. Da wird dann gern das Bild vom „Phönix aus der Asche" bemüht, um dieses vermeintliche Wunder zu beschreiben. Warum empfinden wir diesen doch wünschenswerten, vielleicht sogar eigentlich selbstverständlichen Vorgang als so ungewöhnlich bis fast überirdisch?

Vielleicht, weil dieser große Kraftakt dem Betroffenen oft durch äußere und innere Hindernisse und Stolpersteine noch schwerer gemacht wird, als er ohnehin schon ist.

Wenn die Sorgen und Ängste so groß werden, dass sie alles andere verdrängen – die Angst, den Partner zu verlieren, die

Sorgen um die Zukunft –, dann kann die Frage, wie Dritte oder, vielleicht noch schlimmer, die Öffentlichkeit reagieren werden, übermächtig sein.

Die Öffentlichkeit ist nicht nur in prominenten Fällen ein wichtiger Faktor. Im Gegenteil: Ein ehemaliger Betriebsratsvorsitzender, der in einem kleinen Dorf in Hessen lebt, berichtete mir, dass seine Frau sich seit Monaten weigern würde, das Haus zu verlassen, selbst nur um einzukaufen. Das Handelsblatt hatte spekulativ über den Betriebsrat berichtet, es waren alles unbewiesene Unterstellungen. Die Lokalzeitung griff diese Vermutungen, denn mehr war es nicht, in Ermangelung wichtiger Nachrichten groß auf, und das Dorf kannte kein anderes Gesprächsthema mehr. Es wurde getuschelt, man machte einen Bogen um die Familie und beobachtete sie wie dubiose Exoten. Da ist es nur allzu verständlich, wenn Betroffene ihr Heil im Rückzug suchen. Die diffusen Unterstellungen hatten sich übrigens später als haltlos entpuppt. Doch den sozialen Frieden brachte das der Familie nicht mehr zurück.

Es ist oft das gleiche Muster: Häufig spielt in solchen Fällen der Lokalteil der Tageszeitung eine unheilvolle Rolle. Wenn ein kleiner Unternehmer oder Handwerksbetrieb in Schwierigkeiten gerät, wird er dank groß aufgemachter Meldung zum Stadtgespräch. Die Reaktionen treffen häufig gleich die gesamte Familie, sie reichen über voyeuristische Anteilnahme bis zur Diskriminierung. Der soziale Rückzug ist häufig zwangsläufig die Folge.

Das alles verzehrt ungeheuer viel Kraft, auch schon vor dem eigentlichen Scheitern. Ich fühlte mich oft mental wie ausgelaugt und spürte eine schier endlose Sehnsucht nach Ruhe.

Damals hatte ich meiner Frau und ihrer Zwillingsschwester zu Weihnachten eine Wanderung auf einer Teilstrecke des Jakobswegs geschenkt. Als ich die beiden für den Reiseantritt zum Flughafen fuhr, stellte ich plötzlich fest, dass ich innerlich

selbst den starken Wunsch verspürte, die Wanderschuhe anzu-
ziehen und durch Teile von Frankreich und Spanien zu wandern,
um dabei meine Gedanken zu ordnen und neue Ziele für mein
Leben zu definieren. Ich hatte Sehnsucht nach Ruhe und nach
etwas Höherem, das meinem Leben einen Sinn gibt. Diese Empfindung kam überraschend und befremdete mich zunächst. Erst
später verstand ich, wie wichtig es ist, diesem Bedürfnis Raum
zu geben.

ÖFFENTLICHE STIGMATISIERUNG

Diese Erkenntnis macht eine weitere leichter, die ich schon vor
längerer Zeit gewonnen habe: Wer einmal in der Öffentlichkeit
stigmatisiert ist, erfährt keine Vergebung. Auch ich nicht. Oder
ich vielleicht erst recht nicht. Jetzt nicht und auch nicht in der Zukunft. Ganz gleich, wie ich mich auch verhalte. Wenn der Stem-
pel aufgedrückt, wenn ein Negativimage in der Öffentlichkeit von
den Medien geprägt ist, ob zu Recht oder zu Unrecht, dann ist das
von Dauer.

Doch das spielt für mich heute keine Rolle mehr, es ist mir egal.
In Anlehnung an die Ausführungen von Christensen hat heute für
mich etwas anderes Bedeutung. Von der Öffentlichkeit erwarte
ich in dieser Hinsicht nichts: keinen Zuspruch, keine Unterstützung, keine Vergebung.

Was allerdings bei der Beschäftigung mit meinem Scheitern
große Relevanz für mich hat, ist die Frage, welche Lehren man daraus ziehen kann. Wie können meine Fehler anderen, die sich in
einer ähnlichen Lage befinden, helfen und ihnen vielleicht einen
anderen Weg aufzeigen? Menschen, die sich ihr Scheitern eingestehen müssen, die sich Anfeindungen ihres Umfelds ausgesetzt

sehen und die befürchten, für einen Neubeginn nicht mehr die Kraft aufbringen zu können.

Ihre Scham sollten wir nicht noch mit Häme vergrößern und sie isolieren. Denn welche Bedeutung die Scham im Rahmen eines Scheiterns hat, schrieb Elke Schmitter[4], die ausdrücklich auf den Zusammenhang von Scheitern und Scham hinwies: „Das Scheitern ist nicht einfach Misslingen, sondern Misslingen mit Scham. Es setzt das Gefühl des Versagens voraus."

Deshalb sollten wir jenen Menschen, die gescheitert und voller Scham sind, Mut machen, ihren Veränderungsprozess und ihren Neuanfang konstruktiv unterstützen. Wie anders sollte man ein faires, soziales Miteinander sonst definieren?

Zwei Beispiele können das vielleicht anschaulich verdeutlichen.

Erst kürzlich, Anfang des Jahres 2019, erzählte ein noch heute mit mir befreundeter ehemaliger Vorstandskollege mir bei einem privaten Abendessen von seinen Erfahrungen mit Gesprächen über mich.

Es sei geradezu unglaublich, sagte er. In mindestens 70 Prozent der Fälle, in denen in Gesprächen mein Name gefallen sei, hätten die anwesenden Personen spontan eine stark negative Meinung über mich geäußert. Wenn er dann für mich Partei ergriffen und dargelegt habe, dass er mich persönlich gut kenne und wir Freunde seien, habe er eine Reaktion zwischen Erstaunen und Schock erfahren. Wenn er dann meine unternehmerischen Erfolge aufgezählt habe, den Verkauf von AOL, die Gründung der RTL-Group, den Kauf von *Random House*, und erklärte, dass Bertelsmann noch heute davon profitiere, reagierten seine Gesprächspartner erstaunt. Das hätten sie nicht gewusst. Und wenn er dann noch hinzufüge, dass ich mich sogar öffentlich zu meinen Fehlern

4 SPIEGEL WISSEN, 2015, S. 18

bekenne, er selbst mich aber viel weniger kritisch beurteile, dann seien sie zumeist beschämt.

Ein zweites Erlebnis trug sich ebenfalls erst in der jüngeren Vergangenheit zu. Ich war zu einem weiteren Vortrag eingeladen worden, dieses Mal an der EBS, der *European Business School* im Rheingau. Die EBS ist keine Spitzenuniversität, aber eine anerkannte *Business School*. Mein Vortrag sollte sich dem Thema Scheitern widmen. Man erwartete einen offenen Erfahrungsbericht. Über das Scheitern und dessen Ursachen zu sprechen und meine Erfahrungen zu teilen, war und ist mir ein Anliegen, weil ich hoffe, insbesondere jungen Studenten eine Hilfestellung geben zu können, meine Fehler nicht zu wiederholen.

Einige Wochen nach meiner Zusage rief mich der Veranstalter dieses Seminars an. Er schien beschämt, ja fast verzweifelt und zugleich sehr ärgerlich. Der Inhalt der Botschaft überraschte mich nicht: Das Seminarangebot werde von Sponsoren unterstützt. Und einer dieser Sponsoren sei die Deutsche Bank. Man kann sich denken, was nun folgte. Die Bank habe von meiner Teilnahme erfahren und hätte zunächst keine Einwände gehabt. Wenig später allerdings habe es eine Kehrtwende gegeben, und die Deutsche Bank habe gefordert, dass ich auf dieser Veranstaltung nicht sprechen dürfe. Die Begründung: Wenn die Aktionäre davon erfahren würden, könne es zu Problemen auf der Hauptversammlung kommen. Wohlgemerkt, ich hätte ohne jedes Honorar gesprochen.

Da sei die Frage erlaubt, ob eine Bank, die seit geraumer Zeit kaum einen Skandal ausgelassen hat, die moralische Integrität besitzt, solche Forderungen aufzustellen? Die Bank, deren Management tief in die Finanzkrise von 2008 verstrickt war; die wissentlich weitestgehend wertlose Zertifikate an ihre Geschäftskunden in Deutschland verkauft hatte, Zertifikate, an denen allein das Management in Form von Boni verdient hatte; eine Bank, die heute mit weltweiten Ermittlungs- und Strafverfahren sowie Bußgeldzahlungen konfrontiert ist. Wären die ethischen Ansprüche, die der Sponsor dort an mein Erscheinen stellte, in der Vergangenheit an das eigene Handeln angelegt worden, hätte die Bilanz der Deutschen Bank wohl deutlich anders ausgesehen. Hermann Kesten hat zu Recht darauf hingewiesen, dass die Sünde eine religiöse Vorstellung ist, die Schuld aber eine moralische.

Nun wäre es aber zu einfach, eine derart negative öffentliche Meinung wie in meinem Fall als kollektiven Irrtum abzutun. Und es wäre auch nicht ehrlich. Vielmehr muss man die Frage stellen, worauf sich diese Meinung konkret gründet. Wessen habe ich mich also in der öffentlichen Wahrnehmung so sehr schuldig gemacht, dass ein solches Feindbild entstanden ist? War es mein früherer Lebensstil? Mein großspuriges Auftreten? Natürlich spielt Neid dabei keine Rolle. Oder vielleicht doch? Und war es am Ende die Verurteilung zu einer Haftstrafe, die all das scheinbar bestätigte? Vielleicht trifft in meinem Fall aber auch ganz einfach eine Feststellung des Dichters Juvenal zu: „Jede Sünde trägt umso bedeutendere Schuld in sich, je größer das Ansehen des Sünders ist." Allerdings müsste man in meinem Fall den Begriff „Ansehen" durch „Bekanntheit" ersetzen.

Die Frage, auf welcher Basis dieses allumfassende öffentliche Urteil über mich zustande kam, beschäftigte mich sehr. Denn sie betrifft ja bei Weitem nicht nur mich. Warum bleiben negative Äußerungen, ob im Vorfeld einer Veranstaltung oder auf digitalen Plattformen, zumeist anonym, warum überschütten namenlose User in Foren Zeitgenossen ungehindert und unsanktioniert mit Kübeln von unflätigem Schmutz? Warum werden kritische Meinungen nicht geäußert, wenn ihnen im Rahmen solcher Veranstaltungen, Diskussionen oder Lesungen eine öffentliche Bühne geboten wird, wo sie Gehör fänden? Wenn man den Beschimpften dabei ins Gesicht sehen müsste? Thematisiert wird dieses schwer erträgliche Phänomen erst, seit auch Spitzenpolitiker von solchen Hass-Fluten betroffen sind.

Viele Fragen, auf die es vermutlich mindestens ebenso viele unterschiedliche Antworten gibt, ohne dass eine einzige eindeutig wäre. Das Einzige, was offensichtlich eindeutig ist, scheint das öffentliche Urteil über mich zu sein. Das lautet: Schuldig!

VON DER SCHULD- ZUR SCHAMKULTUR

Was aber hat das für Folgen? Und wie gehen wir mit einer solchen Schuldzuweisung und der daraus resultierenden Scham um? Welche Bedeutung haben die Nutzungsgewohnheiten des Internets für den Umgang mit Schuldzuweisungen und deren Folgen? Wie prägt das unsere Kultur des Umgangs miteinander? Ist sie vom Verständnis der Schuld oder eher von Scham geprägt?

Das bedarf einer kurzen Erklärung: Die Unterscheidung zwischen Schuld- und Scham-Kulturen geht im Grunde auf die Frage zurück, ob die jeweilige Verfehlung durch Religion, Buße oder Sanktionen im Sinne von Strafe verarbeitet werden kann. Auch wenn diese Unterscheidung wissenschaftlich in Teilen umstritten ist, erscheint sie mir durchaus schlüssig. Für Schuld-Kulturen lässt sich diese Frage bejahen. Dort wird durch Buße, Sanktion und Strafe die Schuld verarbeitet. Für Scham-Kulturen hingegen gilt dies nicht. Dort bedeutet Schuld einen irreversiblen Gesichtsverlust, und das ist in der Konsequenz fatal.

Zu den Ländern, denen man eine Schuld-Kultur zuschreibt, zählten über lange Jahre diejenigen, die eher calvinistisch geprägt sind, wie etwa die USA, Großbritannien und auch die Bundesrepublik Deutschland. Scham-Kulturen wurden dagegen eher in der östlichen Hemisphäre in Ländern wie China und Japan gesehen. Bei einer geschichtlichen Betrachtung lebten die Figuren in den Homer'schen Epen in der andauernden Furcht vor der öffentlichen Missbilligung. Vor allen Dingen die Bestrafung durch das jeweilige soziale Umfeld war gefürchtet und weniger die Gefahr, eine Bestrafung durch die Götter zu erfahren.

Die deutsche Kulturwissenschaftlerin Claudia Benthien definiert das gesellschaftliche Ansehen für den Einzelnen als „den größten Wert" und die üble Nachrede dagegen als „eine existenzielle, oft irreversible Schädigung"[5].

Theologen kamen in ihrer Analyse der gegenwärtigen Entwicklung zu der These, dass die westliche Welt derzeit das Ende der bisher umfassendsten Schuld-Kultur der Geschichte zu verzeichnen hat und einen Rückfall auf eine auf reine Außenwahrnehmung des Menschen orientierte Schamkultur erlebt (Thomas Schirrmacher[6]).

Was zunächst schockieren mag, ist im Grunde wenig überraschend: Wo unser Alltag mehr und mehr durch die Prinzipien einer sich selbst ständig optimierenden Leistungsgesellschaft bestimmt wird und das Zeitalter der grenzenlosen Kommunikation Fakten wie Meinungen viral um die Welt jagt, wird das äußere Bild das bestimmende Element. Ob eine Schuld verarbeitet, ein Fehler gesühnt wird, spielt dann nur noch eine untergeordnete Rolle. Die Scham über den Verlust des öffentlichen Ansehens bleibt.

Wie müssen wir, wie müssen die Medien damit verantwortungsvoll umgehen? Müssen nicht Objektivität und Sachlichkeit als höchstes Gut der Leitfaden allen Handelns sein? Was bedeutet

---

5 Claudia Benthien: *Die Macht archaischer Gefühle*. In: *Wiener Zeitung*, 15. April 2006.
6 Thomas Schirrmacher: *Scham- und Schuldkultur*. In: *Querschnitte*, 14. Jg. Juli 2001, Nr. 7

das für unser soziales Verhalten und für unseren Umgang miteinander? Und was für moralische Wertungen? Ist die Basis für eine Bewertung eines anderen nicht die eigene moralische Integrität? Wohin führt es, wenn Medien, die Meinungen schüren, sich mit dem Hinweis auf den mündigen Nutzer aus der Verantwortung stehlen? Wohin, wenn Nutzer sich auf tendenziöse Medienberichterstattung berufen? Zu nichts Gutem jedenfalls. In meinem Fall: vom öffentlichen Schuldspruch auf dem Höhepunkt zu offenem Hass.

In einer frühen Phase, die später in den Absturz mündete, war ich bemüht, negative Artikel über mich zu verhindern, mit allen Mitteln. Sie schmerzten, sie verletzten mich in meiner Ehre. Meine Gedanken und Sorgen kreisten ständig um dieses Thema. Wurde dann einmal mehr ein kritischer Artikel veröffentlicht, auch wenn er rein spekulativen Charakter hatte, versank ich in tiefer Scham. Mal mit der Konsequenz, mich von allem und jedem zurückziehen zu wollen, ein anderes Mal, indem ich versuchte, vehement meine eigene Position in die Öffentlichkeit zu tragen. Was ich in dieser Zeit erlebte, die Verzweiflung, die Ängste und die Ohnmacht gegenüber dieser Form der Berichterstattung, war wohl ganz sicher kein Einzelfall.

Als diese Artikel sich immer mehr häuften und ich es nicht verhindern konnte, steigerte sich die Scham ins fast Unerträgliche: Scham gegenüber der Familie und Freunden, Scham über mein eigenes Verhalten und über den Ansehensverlust. Wenn man es mit dem japanischen Verständnis betrachtet, hatte ich das Gefühl, mein Gesicht verloren zu haben. Ich war, ohne dass es mir damals bewusst gewesen wäre, auf dem Weg von einer Schuld- hin zu einer gelebten Scham-Kultur.

Doch was bedeutet das für die journalistische Verantwortung, was für die Ethik der dortigen Entscheidungsträger? Der Skandal um den SPIEGEL-Redakteur Claas Relotius, der elementare Aussagen in der Mehrzahl seiner Artikel frei erfand, um die Meinung des Mainstreams zu belegen, hat eindrucksvoll vor allen Dingen eines deutlich gemacht: Vorgefasste Meinungen sind in Redaktionen bedeutsamer als das, was an objektiven Fakten recherchiert wird. Nicht wenige von Relotius' Artikeln waren übrigens Bestandteil von Titelgeschichten.

Die Erfahrungen während meiner fast 20-jährigen Tätigkeit im Board der *New York Times*, dem weltweit führenden Qualitätsmedium, und die Erlebnisse meines eigenen Scheiterns lassen mich Mathias Döpfner, dem Vorstandsvorsitzenden des Axel Springer Verlages, aus tiefster Überzeugung recht geben. Er hat in einem Interview mit der NZZ zu dem Bedeutungsumfang des Falles Relotius genau das massiv kritisiert!

Er führt aus, dass sich Journalisten in ihrer Arbeit allzu oft danach ausrichten, was die Mehrheit ihrer Kollegen und der Mainstream der Rezipienten zu bestimmten Fällen denken. Sie bringen nicht konsequent genug den Mut auf, auf Fakten basierende, sauber recherchierte Artikel zu veröffentlichen, wenn diese im Gegensatz zum Mainstream stehen.

DIE SCHULDFALLE

Eine andere Frage ist, wie es eigentlich um die Verwendung des Schuldbegriffs steht und dessen Kommentierung in der öffentlichen Darstellung und Diskussion, wenn eine im juristischen Sinne rechtskräftig verurteilte Person ihre moralische Schuld eingesteht, aber nicht eine juristische wie in meinem Fall.

Bei öffentlichen Auftritten werde ich in der Regel, zum Glück meist wohlwollend, aber dennoch aufmerksamkeitsstark, unter

Aufzählung meines juristischen Schuldregisters vorgestellt. Wenn ich diesem dann in meinem Vortrag eine vollständige Auflistung meiner moralischen Schuldfaktoren hinzufüge, wird das bei Weitem nicht immer differenziert gesehen, sondern als doppelte Schuld gewertet.

Noch komplizierter scheint es zu werden, wenn eine Person, die in der Öffentlichkeit als schuldig verurteilt wurde, bereut. Wenn sie Schuld eingesteht und Buße tut, also eigentlich genau das, was die Öffentlichkeit vermeintlich erwartet. Erfährt sie dann Vergebung? Leider nicht zwingend.

In so einem Fall kann es wiederum sein, dass sich Medien vom Mainstream distanzieren. Sie stellen dann infrage, ob die gezeigte Reue auch wirklich echt ist. Geht da Hochmut über kritische Objektivität?

Die digitale Welt, Internet und Social Media haben die gesellschaftliche Wandlung in Richtung Scham-Kultur zweifellos befeuert. Das überfordert fatalerweise oft gerade jüngere Menschen, deren Leben von diesen Medien bestimmt wird. Der Grad ihrer Hilflosigkeit bei öffentlicher Kritik zu ihrer Person, das Maß der Scham, das sich einstellt, lassen den Umfang des Problems erahnen, mit dem wir es mittlerweile zu tun haben. Ist es deshalb ethisch vertretbar, dass zugespitzte Skandalstorys, die voyeuristische Neigungen der Nutzer bedienen, die Basis medialer Geschäftsmodelle sind? Ein höchst zweifelhaftes Geschäftsmodell, das die Verletzung der Würde des Einzelnen in Kauf nimmt.

Wir sollten nicht vergessen: Bei einer zunehmend schamorientierten Grundhaltung sollte das öffentliche Urteil „schuldig" nur mit Bedacht und nur auf Basis wirklich belastbarer Fakten gewählt werden. Denn einen Anspruch auf Vergebung gibt es hier nicht.

Meistens gilt in Fällen der öffentlichen Beurteilung von Schuld ohnehin das Wort Jesu: „Denn wer ohne Schuld ist, der werfe den ersten Stein." (Johannes, 8,17) Mein christlicher Glauben schenkt mir die tiefe Überzeugung, dass jeder Mensch, der Reue zeigt, auch Vergebung in Anspruch nehmen kann. Dieser Anspruch gilt auch für diejenigen, die gescheitert sind, sich zu ihrer Schuld bekennen und bereit sind, hierfür die Verantwortung zu übernehmen.

Ich weiß nur zu gut, was das bedeutet. Ich bin gescheitert, ich bin schuldig, und ich bereue. Aber ich schäme mich nicht.

8. FROM HEAVEN TO HELL

... ODER UMGEKEHRT

Wenige Tage nach meiner Haftentlassung wollte ich eine Reise antreten. Ich wollte die Haft mit räumlichem Abstand hinter mir lassen, einen Schnitt machen, bevor ich den neuen Alltag in Freiheit begann, und ich musste mich körperlich erholen. Deshalb hatte ich mich entschlossen, einige Tage in Vietnam zu verbringen. Das war weit genug weg von allem Bekannten, und es war ein Land, das ich bis dahin nicht kannte – also keine vertraute Umgebung. Es war ein Samstagabend im Dezember, und der Flug sollte von Hamburg über Istanbul nach Saigon führen.

Als ich mich im Hamburger Flughafen nach dem Securitycheck der Passkontrolle näherte, überkam mich vollkommen grundlos ein Gefühl großer Unsicherheit. *Was, wenn man mich aus nicht vorhersehbaren Gründen doch nicht ausreisen lässt? Gibt es vielleicht doch noch Probleme mit dem Pass? Wird man mich vielleicht gleich wieder verhaften?*

Meine Schritte verlangsamten sich instinktiv, es fühlte sich an, als lasteten Tonnen auf meinen Schultern, und vermutlich habe ich diese auch unbewusst zusammengezogen. Die Unsicherheit muss mir auf der Stirn gestanden haben. Es war nicht viel los um diese Uhrzeit, und es erschien mir unverhältnismäßig still.

Der Passbeamte bemerkte hinter seinem Schalter meine Unsicherheit. Er hatte mich sofort erkannt, ohne dass er hätte in meinen Pass sehen müssen. Nun lächelte er mich an, lehnte sich leicht vor und sagte: „Es ist doch jetzt alles gut, Herr Dr. Middelhoff! Geben Sie mir ruhig Ihren Pass."

Nur wenige Sekunden später stand ich mit meinem Ausweisdokument in der Hand auf der anderen Seite des Schalters und spürte, wie mich ein ungeheures Glücksgefühl durchströmte. Wie häufig war ich bis zu meiner Verhaftung geflogen! Und wie sehr hatte ich das Fliegen während meiner Haft vermisst. Es gab Momente, in denen ich in diesen Monaten davon überzeugt gewesen war, dass ich nie wieder ein Flugzeug besteigen würde. Und jetzt stand ich mit dem Gefühl am Hamburger Flughafen: „Ich bin wieder da, aber ich bin anders." Die Dankbarkeit war unermesslich.

Die Ankunft in Saigon katapultierte mich in eine andere Welt. Genauso hatte ich es mir gewünscht: Nichts sollte mich in diesen Stunden an die letzten Monate erinnern; nicht, weil ich sie vergessen wollte, sondern weil ich meinen Kopf frei machen wollte für den Neubeginn.

Am Abend fuhr ich mit einem Bootstaxi den Saigon River hinab, sog den Geruch dieser fremden Welt auf, der für mich in diesem Moment der Geruch von Freiheit war. Ich wusste, was all dies für ein unfassbares Glück war, und ich dankte Gott, dass ich so etwas erleben durfte.

Hermann Hesse hat in seinem Gedicht „Stufen" das Erleben nach einem Neuanfang so zutreffend beschrieben: „Und jedem Anfang wohnt ein Zauber inne, der uns beschützt und der uns hilft, zu leben."

Wir sollen bereit sein, immer wieder Neues zu wagen, uns weiterzuentwickeln und offen zu sein für Neues. Das ist nicht nur eine wesentliche Voraussetzung für ein erfülltes Leben, sondern auch eine Voraussetzung für ein „junges Herz". Sonst droht die Gefahr, dass das Herz – und wahrscheinlich auch der Geist – erschlafft.

Die Veränderung, die durch mein Scheitern nötig wurde und der ein Neuanfang folgte, hat auch viele positive und beglückende Effekte – diese Erfahrung mache nicht nur ich. Das gilt in erster Linie für den Betroffenen selbst, aber auch für sein Umfeld. Mit einer Neuausrichtung verändert sich häufig auch die Wahrnehmung. Das Leben bekommt andere Ziele, die Prioritäten werden andere, oft bekommen soziale Aspekte einen neuen Stellenwert. Dankbarkeit wird zu einem wichtigen Bestandteil der inneren Haltung, und das subjektive Glücksempfinden gründet sich auf neue Elemente.

DAS GEFÜHL DER STÄRKE

Als ich nach der Veröffentlichung meines Buches „A115" dazu zum ersten Mal in eine Talkshow eingeladen wurde, war ich noch ein Häftling im offenen Vollzug und arbeitete als Freigänger in der Behindertenwerkstatt Bethel. In Bezug auf meinen tiefen Fall gab es dank der ausufernden Medienberichterstattung vermutlich kein Detail, das der Öffentlichkeit nicht bekannt gewesen wäre. Was die Öffentlichkeit allerdings nicht im Detail kannte, waren meine Selbstanalysen und Einsichten zu den Gründen meines Scheiterns. Allenfalls in Auszügen, soweit ich sie in dem Buch beschrieben habe. Zu dem Zeitpunkt befand ich mich sozusagen kurz hinter dem Startblock meines neuen Weges.

Giovanni di Lorenzo, der Moderator der Talkrunde „3nach9", begrüßte mich freundlich und durchaus respektvoll, was mich zunächst ein wenig überraschte. Ich hatte mit mehr Ressentiments gerechnet, das war die übliche Reaktion, die ich zu dem Zeitpunkt öffentlich von Unbekannten erfuhr. Die anderen Talkgäste wie die Zwillingsbrüder Kaulitz der Boygroup Tokio Hotel behandelten mich reserviert, aber freundlich. Neben der Freundlichkeit spürte ich aber zugleich auch deutlich die kritische Haltung mir gegenüber und auch die ein wenig abschätzenden Blicke, in denen ich auch Unsicherheit zu lesen glaubte: *So sieht also jemand aus, der im Gefängnis gesessen hat? Ist dieser Mann gefährlich? Und wie geht man am besten mit ihm um?*

In früheren Jahren hätte eine solche Situation mich zu einigen klärenden Statements angespornt. Ich hätte das, was ich an Ablehnung gegenüber meiner Person spürte, sofort korrigieren wollen. Mit allen Mitteln hätte ich versucht, die Wahrnehmung meiner Gesprächspartner so zu beeinflussen, dass sie mich in meiner Rolle akzeptierten, und zwar in der Rolle, die ich mir selbst gegeben hatte.

Jetzt aber lagen die Dinge völlig anders. Während der Wartezeit vor der Aufzeichnung der Sendung hielt ich mich von den anderen Talkgästen und den Besuchern im Studio fern. Ich wollte ihnen meine Gegenwart nicht aufdrängen, weil ich nicht wusste, ob sie damit unter Umständen Probleme haben würden. Verhaltensweisen wie jene, die ich früher automatisch an den Tag gelegt hätte, waren jetzt undenkbar: Ich wollte die anderen nicht mehr mit aufgesetzter Kommunikation beeindrucken und mich zum informellen Meinungsführer aufschwingen. Und ich war dankbar für das, was ich als Erlösung empfand.

Die größte Überraschung für mich war ich selbst. Ich erlebte mich an diesem Abend in dem TV-Studio in Bremen völlig anders, als es früher in solchen Situationen jahrzehntelang der Fall gewesen war. Ich fühlte mich innerlich sicher und fest. Früher hatte ich das Gefühl der Unsicherheit, ob ich die Erwartungen erfüllen würde, durch Aktionismus zu überspielen versucht. Heute stellte es sich zu meiner Verwunderung erst gar nicht ein. Stärke erfüllte mich stattdessen.

Nicht eine Sekunde kam mir der Gedanke, dass ich mich für die Tatsache schämen müsste, noch ein Häftling in einem Gefängnis zu sein oder als Hilfskraft in einer Behindertenwerkstatt zu arbeiten. Ich schaute mich um und hatte die Gewissheit: Ich habe fast alles erlebt, im Guten wie im Schlechten, und ich weiß, dass ich nicht nur die Kraft hatte, all das zu überleben, sondern darüber hinaus auch noch einen Neuanfang zu wagen. Was konnten die anderen Gäste wohl aufweisen? Welche fundamentalen Herausforderungen hatten sie bisher in ihrem Leben meistern können oder müssen? Das waren keine abschätzigen Gedanken. Es war nur das Bewusstsein meiner eigenen inneren Kraft.

Dem sensiblen und zugleich manchmal ein wenig selbstverliebt wirkenden Talkmaster war nicht entgangen, dass ich mich von den anderen Gästen ferngehalten hatte. Er wertete dies spontan als Beleg dafür, dass ich mich geändert haben müsste. Ich selbst sehe meinen damaligen Auftritt nur als Beleg dafür, dass meine Stärke, die aus der Überwindung meines Scheiterns erwachsen war, Bestand hatte. Auch in einem neuralgischen Umfeld wie in der Öffentlichkeit, symbolhaft präsent durch das Scheinwerferlicht.

Dieses neue Gefühl der Stärke hielt dann schrittweise Einzug in alle Bereiche meines täglichen Lebens. Zuerst in meiner zunehmenden Unabhängigkeit von der Meinung anderer. Habe ich Verabredungen, nehme ich mein Fahrrad, um zum vereinbarten Treffpunkt zu radeln, ganz egal, ob ich Gesprächspartner zu geschäftlichen Besprechungen in der Lobby des Hotels *Vier Jahreszeiten* treffe, wo die Doormen, die mich von früher noch kennen, überrascht und anerkennend die Augenbrauen hochziehen, wenn ich mein Fahrrad dort abstelle; oder ob ich mich in der Bar des Hotels *25hours* mit jemandem treffe. Das Fahrrad als Transportmittel wäre früher für mich als Topmanager undenkbar gewesen, auch im privaten Bereich.

Falsche Einschätzungen oder Beurteilungen darüber, wofür ich eigentlich verurteilt worden bin, verletzen mich heute nicht mehr, und in der Regel verspüre ich auch nicht den Drang, die Dinge sofort zu korrigieren. Stattdessen höre ich solchen Ausführungen gelassen zu und überlege, ob es überhaupt Sinn macht, sie zu kommentieren. Nicht immer beantworte ich diese Frage mit Ja.

Wo mir früher das Rüstzeug eines Managers und die Insignien seiner Bedeutung wie Fahrer, Sekretariat, Firmenflieger und anderes das Gefühl von Haltung und Stärke suggerierten, ist es heute etwas anderes. Es ist die Erfahrung, aus einer scheinbar völlig ausweglosen Situation einen Weg für einen Neuanfang gefunden zu haben. Die Ausstattung mag oberflächlich auf das Prestige einzahlen; die Gewissheit, dass ich mein Scheitern hinter mir gelassen habe, hat mich reifen lassen und meine Persönlichkeit in einer Weise gestärkt, die man mir nicht mehr nehmen kann.

Heute umgeben mich Menschen, die ich wirklich als meine Freunde bezeichne, die mir wichtig sind und die mich um meiner selbst willen mögen. Das bedeutet mir sehr viel, und ich bin auch dafür dankbar. Ich bin zu alt geworden, um aus Pflichtgefühl einen Großteil meiner Zeit mit Menschen zu verbringen, die nur wirtschaftliche Interessen verfolgen oder hinter meinem Rücken schlecht über mich reden.

Schwer tue ich mich allerdings hin und wieder noch immer damit, mich selbst anzunehmen. Immer wieder verfalle ich in den Modus, meine Fehler und Sünden der Vergangenheit zu analysieren, mich dafür zu schämen und sie zu bereuen, anstatt das zu empfinden und zu verstehen, was die christliche Perspektive wirklich bestimmt: bedingungslose Annahme und Vergebung.

Fühlte ich mich früher durch Neider in meinem Umfeld angespornt, noch arroganter aufzutreten, erfahre ich heute Zuspruch und Unterstützung, einfach weil ich authentisch und ehrlich etwas von mir preisgebe.

All das hat dazu geführt, dass ich heute ein sehr viel bewussteres Leben führe als in früheren Jahren. Ich habe zu mir selbst gefunden oder, viel wichtiger: Ich habe mein wahres Ich wiedergefunden.

Und mit diesem Zwischenfazit war für mich auch klar: Ich bin nicht etwa vom Himmel in die Hölle abgestürzt, sondern habe eigentlich den umgekehrten Weg genommen. Ich war über Jahrzehnte in Verirrungen verstrickt, war anderen näher als mir selbst, habe mich selbst und andere schlecht behandelt und viele Fehler und Sünden begangen – eigentlich war vielmehr dies die Hölle, die in der Verhaftung ihre größte Intensität erfuhr. Aus ihr habe ich mich befreien können – mit Gottes Hilfe. Das vorgeschlagene Thema des Vortrages in Innsbruck „From Heaven To Hell" kehrte ich daher einfach um: „From Hell To Heaven". Und das ist auch mein ganz persönliches Fazit unter den letzten Jahren.

BEFREITES LEBEN

An einem Dienstag im April 2019 flog ich nach München, um dort Termine in verschiedenen Teilen der Stadt wahrzunehmen. Ich musste zwei Fahrten mit einem Taxi absolvieren. Der erste Fahrer begrüßte mich, kaum dass ich auf der Rückbank Platz genommen hatte, mit den Worten: „Mein Gott, was haben Sie abgenommen. Ich finde es schlimm, was man mit Ihnen gemacht hat."

Am Ende der Fahrt wollte er auf eine Berechnung verzichten. Ich habe natürlich dennoch bezahlt.

Hugo, der zweite Taxifahrer, war vor knapp 20 Jahren aus Afrika nach München gekommen. Zunächst befragte er mich nach meiner Meinung zu Trump, zu Merkel, zum Iran; das volle Programm. Dann, nach einer Pause, stellte er mit etwas leiserer Stimme die Frage: „Wie geht es Ihnen heute, wenn Sie zurückblicken?"

Ich dachte zunächst, ich hätte mich verhört, und fragte ihn, ob er denn wisse, wer ich sei. „Natürlich weiß ich das, und ich muss Ihnen sagen, ich bin sehr überrascht. Sie machen keinen unglücklichen Eindruck auf mich. Sondern ganz im Gegenteil."

Nach der ersten Überraschung konnte ich ihm aus voller Überzeugung zustimmen. Ich bin wirklich nicht unglücklich – ganz im Gegenteil!

Wenn ich heute von einem befreiten Leben spreche, hat das eine zweifache Bedeutung. Mit meiner Haftentlassung wurde ich von den Bedingungen und massiven Restriktionen befreit, denen ich mich über zwei Jahre beugen musste, ich tauschte körperliche Unfreiheit gegen Freiheit ohne Einschränkungen. Die zweite Bedeutung beschreibt den Umstand, dass ich mich von vielen Zwängen und Belastungen befreite, die vor allem in der Zeit meines ehemaligen Managerlebens entstanden waren und zum Teil bis heute überdauert hatten.

Ich war gefangen in Verhaltensmustern, und bis zu meiner Verhaftung trug ich Sorgen und Probleme wie eine tonnenschwere Last auf meinen Schultern. Die Sorgen waren vielfältig und umfassten die verschiedensten Bereiche meines beruflichen und privaten Lebens. Damals schienen sie mich mitunter zu erdrücken, so schwerwiegend empfand ich ihre Bedeutung. Aus heutiger Sicht stellt sich das jedoch anders dar: Eigentlich drehten sie sich um Geld, um Reputation und um Macht. Dinge, die ich heute im Rückblick als völlig unwichtig empfinde.

Auch kreisen meine Gedanken ununterbrochen sorgenvoll um die Sicherstellung der Kontinuität der Unternehmen, die ich führte. Ich dachte darüber nach, was andere über mich dachten, die Meinung Außenstehender war mir enorm wichtig, ich wollte ihre Anerkennung. Heute bin ich auch von dieser Form der selbst erzeugten Abhängigkeit befreit: Ich artikuliere allein das, was meiner Überzeugung und meinen Werten entspricht.

Wo früher das Sekretariat und der Kalender unerbittlich meinen Tagesrhythmus diktierten, lebe ich heute selbstbestimmt. Das bedeutet nicht, dass ich in den Tag hinein lebe, im Gegenteil. Aber ich gestalte meine Zeit eigenbestimmt und entscheide selbst, wem oder was ich sie widme und wofür ich mich engagiere, wann ich das tue und in welcher Intensität. Ich verbringe meine Zeit nur noch mit jenen Menschen, die mir etwas bedeuten oder denen ich etwas geben kann, und ich weiß um den Luxus dieser Unabhängigkeit.

Das war ein Lernprozess und ist noch immer einer – nicht immer allen Anfragen und Bitten nachzukommen, die an mich herangetragen werden. Ich nehme nur noch solche Vorträge an, bei denen ich den Eindruck habe, dass es nicht darum geht, einen prominenten ehemaligen Häftling vorgeführt zu bekommen, sondern um Offenheit für und echtes Interesse an dem Inhalt. Beiträge veröffentliche ich nur noch zu Themen, die mir persönlich ein Anliegen sind. Ich gebe nicht mehr jedes Interview, sondern nur noch dann, wenn es um mir wichtige Inhalte geht. Dabei gilt mein gesprochenes Wort, ich verzichte auf das Autorisieren. Es geht nicht mehr wie in früheren Zeiten um Eitelkeit und darum, sich möglichst geschliffen der Öffentlichkeit zu präsentieren.

VON ACEDIA ZUM LEBEN IM AUGENBLICK

Es war eines der ersten Male, als ich mit dem Fahrrad an einem frühen Morgen im Frühjahr durch die Dämmerung von der Haftanstalt in Bielefeld-Senne zu meiner Arbeitsstelle bei Bethel fuhr. Vor meiner Inhaftierung wäre es undenkbar für mich gewesen, mit dem Fahrrad zur Arbeit zu fahren. Jetzt war es völlig anders. Es gab mir das wunderbare Gefühl, etwas Neues zu tun, etwas außerhalb alter Gewohnheiten und etwas, das mich auf eine ungeahnte Weise unabhängig machte. Es war ein neues Freiheitsgefühl. Ich fuhr schneller und schneller, spürte die körperliche Anstrengung und ein großes Glücksgefühl.

Ich hörte die Stimmen der Vögel, ich roch die kühle, klare Luft; ich konnte sehen, womit die Äcker bestellt waren; im Laufe der folgenden Monate beobachtete ich die Fruchtfolgen auf den Feldern; und ich konnte ohne Ablenkung über für mich wichtige Fragen nachdenken. Es war ein so viel bewussterer, aktiverer Start in den Tag, als ich ihn früher erlebt hatte. Während ich damals bereits am Morgen versucht hatte, alle zu überholen – auch mich selbst –, war ich jetzt ganz bei mir.

Nun mag man einwenden, dass dies immer auch eine Frage der Perspektive ist. Das ist nur bedingt richtig. Sich von einem Fahrer chauffieren zu lassen hat Vorteile, sicher. Vor allem aber dann, wenn man die gewonnene Zeit anderweitig nutzen will oder muss. Habe ich früher immer versucht, mehrere Dinge gleichzeitig zu erledigen, konzentriere ich mich heute ganz auf eines. Auch deshalb empfinde ich es als ein weiteres Stück Freiheit, meinen Wagen heute selbst zu steuern. Ich bin auch hier nicht mehr fremdbestimmt.

Ich habe gelernt, mich selbst zu organisieren, Flüge selbst zu buchen, meine Vorträge selbst zu schreiben, Reisepläne aufzustellen und Termine zu vereinbaren und zu bearbeiten. Ich melde mich persönlich am Telefon, wenn ich angerufen werde, und weiß jetzt, wie man einen Tisch reserviert. Ich kann Mietwagen buchen und mich in einer fremden Stadt auch ohne Fahrer orientieren. Ich nutze Carsharing und bestelle mein Taxi auch per App. Statt in Luxus-Hotels übernachte ich jetzt im *25hours*, genieße die lebendige, kreative und urbane Atmosphäre und frage mich, warum ich früher unbedingt in diesen angestaubten Palästen wohnen musste, wo ich auf ein so langweiliges wie versnobtes Publikum traf.

Statt am Sonntagmorgen mit dem PR-Chef zu telefonieren, sitze ich heute in der Messe der St.-Elisabeth-Kirche und freue mich daran, dass sie auf Englisch gehalten wird. Diese Gemeinde ist eine im positiven Sinne multikulturelle und eine mit besonderer Nähe, wo man sich beim Vaterunser-Gebet an den Händen fasst.

Früher flog ich am Freitagabend mit dem Privatjet nach Nizza, wurde von meiner Crew abgeholt und mit meinem Schiff nach St. Tropez gebracht. Heute fahre ich am Freitagabend mit meinem Fahrrad zum Einkaufen zu Edeka und kann mich wie ein kleiner Junge freuen, wenn ich mit meinem Rad mal wieder schneller war als manch anderer mit einem schwerfälligen SUV.

Das Leben ist heute anders, aber nicht schlechter. Das Leben ist heute geerdeter, aber nicht weniger spannend. Das Leben ist heute materiell durchschnittlicher, aber intellektuell reicher. Das Leben ist heute voller Gottvertrauen und ohne Ängste. Ich bin heute bescheidener, aber glücklicher. Das, was ich heute noch besitze, ist sehr überschaubar, aber um unnötigen Ballast brauche ich mich nicht mehr zu sorgen. Meine Reputation ist dahin, aber die Menschen begegnen mir in der Öffentlichkeit offen und respektvoll.

GLÜCK, DANKBARKEIT UND DEMUT

Für all das bin ich unendlich dankbar. Für das, was ich heute habe, und für das, was ich erlebt habe. Jeden Tag erinnere ich mich an einzelne „meiner" Behinderten in Bethel und bin auch und vor allem für diese Erfahrung dankbar. Ich habe in relativ hohem Alter gelernt, was Demut bedeutet und welche innere Kraft man aus ihr ziehen kann. Hochmut ist eine unechte, aufgesetzte Stärke. Demut hingegen erzeugt eine innere Stärke, die gewachsen, fest und selbstbewusst ist und unter anderem auf Dankbarkeit basiert.

Heute bin ich voller Dankbarkeit, dass ich mit den Zielen meines Lebens im Einklang leben kann. Früher träumte ich von einer Karriere als Manager und daneben auch davon, Bücher zu schreiben. Heute kann ich auf ein erfülltes Managerleben zurückblicken und auf fast wundersame Weise meinen zweiten Traum leben: Ich kann einen Teil meiner Zeit als Buchautor verbringen. Eine unglaublich schöne, intellektuell bereichernde und befriedigende Tätigkeit, die mich am Ende eines jeden Tages glücklich und zufrieden vom Schreibtisch aufstehen lässt.

Einen anderen Teil meiner Zeit kann ich nutzen, um jungen Startup-Unternehmern mit meinen Erfahrungen beratend zur Seite zu stehen oder mithilfe meines internationalen Netzwerks mit Venture Capitalists neuen Geschäftsmodellen zum Durchbruch zu verhelfen. Es bereitet mir unglaublich Freude, mich mit jüngeren Menschen auseinanderzusetzen, mit ihnen zu diskutieren und auch von ihnen zu lernen.

Ich habe auf großen Umwegen und nach herausfordernden und leidvollen Etappen wieder zu dem zurückgefunden, was Mitte der Siebzigerjahre für den jungen Studenten Thomas Middelhoff das Lebensprinzip gewesen war: „Ich bin ich." Dieses Prinzip ist zur Maxime meiner vorletzten Lebensdekade geworden.

EPILOG

Kurz vor Fertigstellung des Manuskripts stieß ich eher zufällig auf eine Textstelle in der Bibel: „… Ich sage euch: So wird auch Freude im Himmel sein über einen Sünder, der Buße tut, mehr als über neunundneunzig Gerechte, die der Buße nicht bedürfen" (Lukas, 15,1–7).

Ich habe für meine Fehler gebüßt. Nicht um die Absolution der Öffentlichkeit zu erreichen, sondern vor Gott. Die despektierliche Kommentierung, ich träte nun im „Büßergewand" auf, kann mich nicht mehr erreichen. So etwas äußern Menschen, die keinen Zugang zu Gott haben.

Neben einem neuen Lebensmodell, das mir Erfüllung schenkt, habe ich auch einen neuen Zugang zum Glauben finden können. Die Grundfesten des christlichen Glaubens kann ich heute ungleich besser erfassen, verstehen und als eine entscheidende Lebengrundlage annehmen. Hatte ich früher zu meiner Positionierung unter Wertegesichtspunkten geantwortet, ich sei ein Humanist, lautet meine Antwort heute: „Ich bin Christ."

Der Verlag weist ausdrücklich darauf hin, dass im Text
enthaltene externe Links vom Verlag nur bis zum Zeitpunkt
der Buchveröffentlichung eingesehen werden konnten.
Auf spätere Veränderungen hat der Verlag keinerlei Einfluss.
Eine Haftung des Verlags ist daher ausgeschlossen.

© 2019 adeo Verlag
in der Gerth Medien GmbH, Dillerberg 1, 35614 Asslar

1. Auflage September 2019
2. Auflage September 2019
Bestell-Nr. 835240
ISBN 978-3-86334-240-1

Umschlaggestaltung: Die guten Botschafter, Haltern am See
Umschlagfoto: Darius Ramazani, www.ramazani.de
Satz: Uhl + Massopust, Aalen
Druck und Verarbeitung: GGP Media GmbH, Pößneck
Printed in Germany

www.adeo-verlag.de